Task Based Tutorial for
Advanced Office Software Applications

办公软件高级应用

任务式教程

微课版 | Office 2016 | AIGC 拓展版

高立军 李玉萍 刘万辉 ◉ 主编

人民邮电出版社

北 京

图书在版编目（CIP）数据

办公软件高级应用任务式教程：微课版：Office 2016：AIGC拓展版 / 高立军，李玉萍，刘万辉主编. 北京：人民邮电出版社，2025. --（名校名师精品系列教材）. -- ISBN 978-7-115-66426-6

Ⅰ. TP317.1

中国国家版本馆 CIP 数据核字第 2025KP4234 号

内 容 提 要

本书以 Office 2016 办公软件为载体，通过 14 个任务详细介绍 Word、Excel、PowerPoint 的高级使用方法。本书主要内容包括制作劳动模范个人简历、制作特色农产品订购单、制作"科技下乡"面试流程图、制作联谊会请柬与标签、科普文章的编辑与排版、制作员工信息表、制作业务奖金表、制作销售分析图表、技能竞赛成绩分析、公司销售情况分析、创客学院演示文稿制作、创业案例介绍演示文稿制作、汽车行业数据图表演示文稿制作、诚信宣传片头动画制作。

本书既可作为各类院校计算机应用等相关专业以及计算机办公自动化等相关课程的教材，也可作为各类社会培训学校的相关培训教材，还可供 Office 初学者、办公人员自学使用。

◆ 主　　编　高立军　李玉萍　刘万辉

责任编辑　刘　佳

责任印制　王　郁　焦志炜

◆ 人民邮电出版社出版发行　　　北京市丰台区成寿寺路 11 号

邮编　100164　电子邮件　315@ptpress.com.cn

网址　https://www.ptpress.com.cn

三河市君旺印务有限公司印刷

◆ 开本：787×1092　1/16

印张：15　　　　　　　　　　2025 年 8 月第 1 版

字数：419 千字　　　　　　　　2025 年 8 月河北第 1 次印刷

定价：59.80 元

读者服务热线：(010)81055256　印装质量热线：(010)81055316

反盗版热线：(010)81055315

前 言

Office 是微软公司推出的办公软件，其功能强大、操作方便、使用安全且稳定。它是目前使用最广泛、最流行的办公软件之一。本书以"提升学生就业能力"为导向，参考教育部教育考试院制定的《全国计算机等级考试二级 MS Office 高级应用与设计考试大纲（2023 年版）》中对 MS Office 高级应用与设计的要求，通过任务的形式，对 Office 2016 办公软件中 Word、Excel、PowerPoint 的使用进行重点讲解，将知识点融入任务中，让学生循序渐进地掌握相关技能。

加快推进党的二十大精神和创新理论成果进教材、进课堂、进头脑。党的二十大报告指出，全面建设社会主义现代化国家，必须坚持中国特色社会主义文化发展道路，增强文化自信。本书在帮助学生掌握 Office 2016 办公软件的专业知识技能体系的基础上，在具体任务的选取上注重学生综合素养的提升。本书借助制作劳动模范个人简历、制作特色农产品订购单、制作"科技下乡"面试流程图、制作联谊会请柬与标签、科普文章的编辑与排版等任务加强对学生的劳动精神、劳模精神、工匠精神的培养，同时培养学生的科学严谨的态度；借助制作员工信息表、制作业务奖金表、制作销售分析图表、技能竞赛成绩分析、公司销售情况分析等任务，增强学生对数据的分析、统计、展示能力；借助创客学院演示文稿制作、创业案例介绍演示文稿制作、汽车行业数据图表演示文稿制作、诚信宣传片头动画制作等任务，增强学生的创新创业意识，倡导广泛践行社会主义核心价值观。

1. 本书内容

本书共分为 Word、Excel、PowerPoint 三部分内容，采用任务式编写形式，所选任务均是与日常工作密切相关的常用任务，都是经过编者反复推敲和研究后选定的任务，注重技能培养的渐进性和学生的综合应用能力培养。

Word 篇选择制作劳动模范个人简历、制作特色农产品订购单、制作"科技下乡"面试流程图、制作联谊会请柬与标签、科普文章的编辑与排版 5 个任务；Excel 篇选择制作员工信息表、制作业务奖金表、制作销售分析图表、技能竞赛成绩分析、公司销售情况分析 5 个任务；PowerPoint 篇选择创客学院演示文稿制作、创业案例介绍演示文稿制作、汽车行业数据图表演示文稿制作、诚信宣传片头动画制作 4 个任务。

2. 体系结构

本书的每个任务都采用"任务简介"→"任务实施"→"任务小结"→"经验技巧"→"AI 加油站"→"拓展训练"的结构。

（1）任务简介：简要介绍任务要求与效果展示，并明确知识、技能与素养目标。

（2）**任务实施**：详细介绍任务的完成方法与操作步骤。

（3）**任务小结**：对任务中涉及的知识点进行归纳总结，并对任务中需要特别注意的知识点进行强调和补充。

（4）**经验技巧**：对任务中涉及知识点的使用技巧进行提炼。

（5）**AI 加油站**：介绍与本任务相关的 AI 工具，帮助学生对知识点从认识到体验，全面提升数字素养。

（6）**拓展训练**：结合任务中的内容给学生提供难易适中的上机操作题目，学生通过练习，可达到强化、巩固所学知识的目的。

3. 本书特色

本书内容简明扼要，结构清晰；任务丰富，强调实践；图文并茂，直观明了。本书可帮助学生在完成任务的过程中学习相关的知识和技能，同时提供"素养小贴士"和"AI 加油站"，使学生在学习的过程中全面提升自身的综合职业素养和能力。

4. 教学资源

本书配套资源有书中任务和拓展训练涉及的素材与效果文件、PPT 电子课件、电子教案和各章节的讲解视频。

本书由高立军、李玉萍、刘万辉主编。本书的编写分工：高立军编写任务 1～任务 5，李玉萍编写任务 6～任务 10，刘万辉编写任务 11～任务 14。侯丽梅录制了任务 1～任务 10 的微课，刘万辉录制了任务 11～任务 14 的微课。江苏学文教育科技有限公司的陈岩为本书提供了相关的参考案例以及建议。

由于编者水平和能力有限，书中难免存在疏漏与不足之处，恳请广大读者批评指正，邮箱：149940599@qq.com。

编　者
2024 年 9 月

目 录

任务 1 制作劳动模范个人简历 1

1.1 任务简介 1
1.1.1 任务要求与效果展示 1
1.1.2 任务目标 2
1.2 任务实施 2
1.2.1 文档的新建 2
1.2.2 页面设置 3
1.2.3 设置文档背景 4
1.2.4 制作个人基本信息板块 5
1.2.5 制作工作经历板块 7
1.2.6 制作荣誉与成就板块 9
1.2.7 保存文档 11
1.3 任务小结 12
1.4 经验技巧 12
1.4.1 高频词的巧妙输入 12
1.4.2 快速输入省略号与当前日期 13
1.4.3 快速切换英文大小写 13
1.4.4 同时保存所有打开的文档 13
1.4.5 关闭拼写错误标记 13
1.5 AI 加油站：应用文心一言 14
1.5.1 认识文心一言 14
1.5.2 体验文心一言 14
1.6 拓展训练 15

任务 2 制作特色农产品订购单 17

2.1 任务简介 17
2.1.1 任务要求与效果展示 17
2.1.2 任务目标 18
2.2 任务实施 18
2.2.1 创建表格 18

2.2.2 合并和拆分单元格 19
2.2.3 输入与编辑表格内容 21
2.2.4 美化表格 23
2.2.5 计算表格数据 26
2.3 任务小结 27
2.4 经验技巧 28
2.4.1 快速输入中文数字 28
2.4.2 轻松输入图形符号 28
2.4.3 <Alt>键、<Ctrl>键和<Shift>键在表格中的妙用 28
2.4.4 锁定表格标题行 29
2.4.5 在表格两侧输入文本 29
2.5 AI 加油站：应用星火内容运营大师 29
2.5.1 认识星火内容运营大师 29
2.5.2 体验星火内容运营大师 29
2.6 拓展训练 33

任务 3 制作"科技下乡"面试流程图 35

3.1 任务简介 35
3.1.1 任务要求与效果展示 35
3.1.2 任务目标 36
3.2 任务实施 36
3.2.1 制作流程图标题 36
3.2.2 绘制与编辑形状 38
3.2.3 绘制流程图框架 39
3.2.4 绘制连接符 40
3.2.5 插入并设置图片 41
3.3 任务小结 42
3.4 经验技巧 43

3.4.1　输入偏旁　43
3.4.2　用鼠标实现"即点即输"　44
3.4.3　<Ctrl>键和<Shift>键在绘图中的
　　　　妙用　44
3.4.4　新建绘图画布　44
3.4.5　组合形状　44
3.5　AI 加油站: 应用妙办画板工具　44
3.5.1　认识妙办画板　44
3.5.2　体验妙办画板　45
3.6　拓展训练　47

任务 4　制作联谊会请束与标签　48

4.1　任务简介　48
4.1.1　任务要求与效果展示　48
4.1.2　任务目标　49
4.2　任务实施　49
4.2.1　创建主文档　49
4.2.2　制作数据源　53
4.2.3　邮件合并　55
4.2.4　制作标签　57
4.3　任务小结　59
4.4　经验技巧　59
4.4.1　巧设 Word 2016 启动后的默认
　　　　文件夹　59
4.4.2　取消"自作聪明"的超链接　59
4.4.3　删除文档中多余的空行　60
4.4.4　<Shift>键在文档编辑中的妙用　60
4.4.5　巧设初始页码从"1"开始　60
4.4.6　删除页眉的横线　60
4.5　AI 加油站: 应用职徒简历　60
4.5.1　认识职徒简历　60
4.5.2　体验职徒简历　61
4.6　拓展训练　62

任务 5　科普文章的编辑与排版　64

5.1　任务简介　64
5.1.1　任务要求与效果展示　64

5.1.2　任务目标　65
5.2　任务实施　66
5.2.1　页面设置　66
5.2.2　应用与修改样式　67
5.2.3　新建"图片"样式　69
5.2.4　设置格式文本内容控件　70
5.2.5　插入目录　72
5.2.6　管理引文和插入书目　73
5.2.7　插入索引　75
5.2.8　设置页码　76
5.3　任务小结　78
5.4　经验技巧　78
5.4.1　快速为文档设置主题　78
5.4.2　分节符显示技巧　79
5.4.3　在 Word 2016 中同时编辑文档的
　　　　不同部分　79
5.4.4　章节标题提取技巧　80
5.4.5　快速查找长文档中的页码　80
5.4.6　在长文档中快速漫游　80
5.5　AI 加油站: 应用笔灵 AI　80
5.5.1　认识笔灵 AI　80
5.5.2　体验笔灵 AI　80
5.6　拓展训练　82

任务 6　制作员工信息表　84

6.1　任务简介　84
6.1.1　任务要求与效果展示　84
6.1.2　任务目标　85
6.2　任务实施　85
6.2.1　创建员工信息基本表格　85
6.2.2　自定义员工工号格式　86
6.2.3　制作性别、部门、学历下拉列表　87
6.2.4　设置年龄数据验证　88
6.2.5　输入身份证号码与联系方式　90
6.2.6　输入员工工资　91
6.2.7　美化表格　92
6.3　任务小结　93
6.4　经验技巧　94

6.4.1　插入千分号　94
6.4.2　快速输入性别　94
6.4.3　查找自定义格式单元格中的
　　　　内容　95

6.5　AI 加油站：应用办公小浣熊　96
6.5.1　认识办公小浣熊　96
6.5.2　体验办公小浣熊　96

6.6　拓展训练　97

任务 7　制作业务奖金表　99

7.1　任务简介　99
7.1.1　任务要求与效果展示　99
7.1.2　任务目标　100

7.2　任务实施　100
7.2.1　定义名称　100
7.2.2　统计订单明细　101
7.2.3　利用 SUMIF 函数统计员工的订单
　　　　金额　102
7.2.4　统计业务奖金与排名　104

7.3　任务小结　106

7.4　经验技巧　108
7.4.1　巧用剪贴板　108
7.4.2　使用公式求值分步检查　109

7.5　AI 加油站：应用酷表 ChatExcel　110
7.5.1　认识酷表 ChatExcel　110
7.5.2　体验酷表 ChatExcel　110

7.6　拓展训练　111

任务 8　制作销售分析图表　113

8.1　任务简介　113
8.1.1　任务要求与效果展示　113
8.1.2　任务目标　114

8.2　任务实施　114
8.2.1　创建图表　114
8.2.2　图表元素的添加与格式设置　115
8.2.3　图表的美化　119

8.3　任务小结　120

8.4　经验技巧　123
8.4.1　快速调整图表布局　123
8.4.2　图表输出技巧　124

8.5　AI 加油站：应用 ChartCube 图表
　　　魔方　125
8.5.1　认识 ChartCube 图表魔方　125
8.5.2　体验 ChartCube 图表魔方　126

8.6　拓展训练　128

任务 9　技能竞赛成绩分析　129

9.1　任务简介　129
9.1.1　任务要求与效果展示　129
9.1.2　任务目标　130

9.2　任务实施　130
9.2.1　数据合并计算　130
9.2.2　数据排序　132
9.2.3　数据筛选　133
9.2.4　数据分类汇总　135

9.3　任务小结　136

9.4　经验技巧　137
9.4.1　对分类汇总后的汇总值排序　137
9.4.2　使用通配符模糊筛选　138

9.5　AI 加油站：认识 Rows 和
　　　Excelly-AI 数据处理工具　138
9.5.1　认识 Rows　138
9.5.2　认识 Excelly-AI　139

9.6　拓展训练　139

任务 10　公司销售情况分析　141

10.1　任务简介　141
10.1.1　任务要求与效果展示　141
10.1.2　任务目标　142

10.2　任务实施　142
10.2.1　创建数据透视表　142
10.2.2　添加报表筛选页字段　143
10.2.3　插入计算项　144

10.2.4 数据透视表的排序 146
10.2.5 数据透视表的美化 146
10.3 任务小结 148
10.4 经验技巧 151
10.4.1 更改数据透视表的数据源 151
10.4.2 更改数据透视表的报表布局 151
10.4.3 快速取消"总计"列 153
10.4.4 使用切片器快速筛选数据 153
10.5 AI 加油站：认识 GPT Excel 和
Ajelix 数据处理工具 154
10.5.1 认识 GPT Excel 154
10.5.2 认识 Ajelix 154
10.6 拓展训练 154

任务 11 创客学院演示文稿制作 155
11.1 任务简介 155
11.1.1 任务要求与效果展示 155
11.1.2 任务目标 157
11.2 任务实施 157
11.2.1 演示文稿框架策划 157
11.2.2 演示文稿页面草图设计 158
11.2.3 创建文件并设置幻灯片大小 158
11.2.4 封面页的制作 159
11.2.5 目录页的制作 163
11.2.6 内容页的制作 163
11.2.7 封底页的制作 165
11.3 任务小结 165
11.4 经验技巧 166
11.4.1 演示文稿文本的排版与字体巧妙
使用 166
11.4.2 图片效果的应用 167
11.4.3 多图排列技巧 170
11.4.4 演示文稿设计的 CRAP
原则 171
11.5 AI 加油站：应用 MindShow 174
11.5.1 认识 MindShow 174
11.5.2 体验 MindShow 175

11.6 拓展训练 176

任务 12 创业案例介绍演示文稿
制作 178
12.1 任务简介 178
12.1.1 任务要求与效果展示 178
12.1.2 任务目标 179
12.2 任务实施 179
12.2.1 认识幻灯片母版 179
12.2.2 封面页幻灯片模板的制作 181
12.2.3 目录页幻灯片模板的制作 182
12.2.4 过渡页幻灯片模板的制作 183
12.2.5 内容页幻灯片模板的制作 183
12.2.6 封底页幻灯片模板的制作 184
12.2.7 模板的使用 184
12.3 任务小结 185
12.4 经验技巧 185
12.4.1 封面页设计技巧 185
12.4.2 导航系统设计技巧 188
12.4.3 内容页设计技巧 190
12.4.4 封底页设计技巧 191
12.5 AI 加油站：讯飞智文 192
12.5.1 认识讯飞智文 192
12.5.2 体验讯飞智文 192
12.6 拓展训练 194

任务 13 汽车行业数据图表演示
文稿制作 196
13.1 任务简介 196
13.1.1 任务要求与效果展示 196
13.1.2 任务目标 198
13.2 任务实施 198
13.2.1 任务分析 198
13.2.2 封面页与封底页的制作 199
13.2.3 目录页的制作 199
13.2.4 过渡页的制作 202

13.2.5 内容页的制作 203

13.3 任务小结 209

13.4 经验技巧 209
13.4.1 表格的应用技巧 209
13.4.2 绘制自选形状的技巧 211
13.4.3 SmartArt 图形的应用技巧 213

13.5 AI 加油站: 图表秀 215
13.5.1 认识图表秀 215
13.5.2 体验图表秀 215

13.6 拓展训练 216

任务 14 诚信宣传片头动画制作 218

14.1 任务简介 218
14.1.1 任务要求与效果展示 218
14.1.2 任务目标 219

14.2 任务实施 219
14.2.1 插入文本、图片、背景音乐相关
元素 219
14.2.2 动画的构思设计 220
14.2.3 制作入场动画 220
14.2.4 输出片头动画视频 222

14.3 任务小结 223

14.4 经验技巧 224
14.4.1 综合实例——手机滑屏动画 224
14.4.2 演示文稿中视频的应用 227

14.5 AI 加油站: 美图 AI PPT 228
14.5.1 认识美图 AI PPT 228
14.5.2 体验美图 AI PPT 228

14.6 拓展训练 229

参考文献 230

任务 1

制作劳动模范个人简历

1.1 任务简介

1.1.1 任务要求与效果展示

在"五一"国际劳动节到来之际，为了向劳动者致敬，某公司开展了"我为劳动模范做宣传"活动。活动要求每个部门的员工都选择一名自己喜欢的劳动模范进行事迹宣讲。研发部的小张打算为自己喜欢的劳动模范袁隆平院士制作一份简历并进行宣讲。效果如图1-1所示。

图1-1 "个人简历"效果

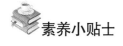 **素养小贴士**

劳动精神

劳动精神是指崇尚劳动、热爱劳动、辛勤劳动、诚实劳动的精神。

1.1.2　任务目标

知识目标：
- ➤ 了解文档的页面设置作用；
- ➤ 了解图片、形状、艺术字、文本框、SmartArt 图形的作用。

技能目标：
- ➤ 掌握文档的新建、保存等基本操作方法；
- ➤ 掌握文档的页面设置方法；
- ➤ 掌握图片的插入与格式设置方法；
- ➤ 掌握形状的绘制与格式设置方法；
- ➤ 掌握艺术字的插入与格式设置方法；
- ➤ 掌握文本框的插入与格式设置方法；
- ➤ 掌握 SmartArt 图形的插入与格式设置方法。

素养目标：
- ➤ 提升高效应用 Office 的信息意识；
- ➤ 加强劳动精神、劳模精神、工匠精神。

1.2　任务实施

　　个人简历是对个人进行简要介绍的一种文档，其包含个人基本信息、自我评价、学习经历、工作经历、荣誉与成就等板块。个人简历以简洁明了为最佳标准之一。

　　在本任务中，小张为介绍袁隆平院士而制作了一份个人简历。简历主要包含个人基本信息、工作经历、荣誉与成就 3 个板块的内容。

微课

文档的新建与
页面设置

1.2.1　文档的新建

　　建立新的 Word 文档，首先启动 Word 应用程序，启动步骤如下。

（1）执行"开始"→"Word 2016"命令，启动 Word 应用程序。

（2）单击图 1-2 中的"空白文档"按钮，如图 1-2 所示。新建一个空白文档"文档 1"。

图1-2　"空白文档"按钮

1.2.2　页面设置

由于个人简历中涉及图片、形状、艺术字、文本框等内容，在插入对象前需要对文档的页面进行设置。页面设置要求：纸张采用 A4 纸、纵向，上、下页边距为 2.5 厘米，左、右页边距为 3.2 厘米。具体操作步骤如下。

（1）在空白文档中切换到"布局"选项卡，单击"页面设置"功能组的"纸张大小"下拉按钮，保持弹出的下拉列表中"A4"选项为选中状态，如图 1-3 所示。

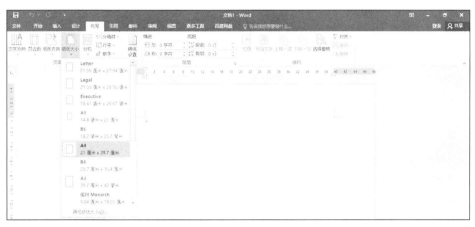

图1-3　"纸张大小"下拉列表

（2）单击"页边距"下拉按钮，从弹出的下拉列表中选择"自定义页边距"选项，打开"页面设置"对话框，在"页边距"选项卡中，按要求设置上、下页边距为 2.5 厘米，左、右页边距为 3.2 厘米，最后，单击"确定"按钮即可完成页边距设置，如图 1-4 所示。

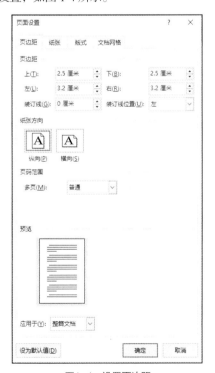

图1-4　设置页边距

1.2.3 设置文档背景

微课
设置文档背景

页面设置完成后，利用 Word 中的形状为文档设置背景，具体操作步骤如下。

（1）切换到"插入"选项卡，在"插图"功能组中单击"形状"下拉按钮，在其下拉列表中选择"矩形"选项，如图 1-5 所示。

图1-5　选择"矩形"选项

（2）将鼠标指针移到文档中，绘制一个与页面大小一致的矩形。

（3）选中矩形，切换到"绘图工具|格式"选项卡，在"形状样式"功能组中单击"形状填充"下拉按钮，从弹出的下拉列表中选择"标准色"中的"橙色"选项，如图 1-6 所示。

（4）单击"形状轮廓"下拉按钮，从弹出的下拉列表中选择"标准色"中的"橙色"选项，如图 1-7 所示。

（5）右击橙色矩形，在弹出的快捷菜单中选择"环绕文字"级联菜单中的"浮于文字上方"命令。

（6）利用同样的方法，在橙色矩形上方绘制一个矩形，将所绘制矩形的"形状填充"和"形状轮廓"都设置为"主题颜色"中的"白色，背景 1"选项，并将其"环绕文字"设置为"浮于文字上方"。完成文档背景设置，效果如图 1-8 所示。

图1-6　设置"形状填充"

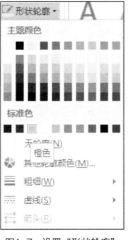

图1-7　设置"形状轮廓"

图1-8　文档背景设置完成后的效果

1.2.4　制作个人基本信息板块

从图 1-1 所示的效果可以看出,个人简历共分为 3 个板块,第一个板块为个人基本信息,此板块中的姓名一行利用 Word 中的艺术字制作,其下方的其他基本信息利用 Word 中的文本框制作,基本信息的左侧利用 Word 中的图片进行装饰。

首先进行艺术字的插入,操作步骤如下。

（1）切换到"插入"选项卡,在"文本"功能组中单击"艺术字"下拉按钮,从弹出的下拉列表中选择"填充-金色,着色 4,软棱台"选项,如图 1-9 所示。

（2）在"请在此放置您的文字"文本框中输入文本"全国劳动模范——袁隆平"。

（3）选中"全国劳动模范——袁隆平"字样,切换到"开始"选项卡,在"字体"功能组中设置其"字体"为"楷体","字号"为"小初",保持加粗,如图 1-10 所示。

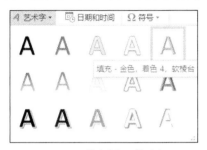

图1-9　"艺术字"下拉列表

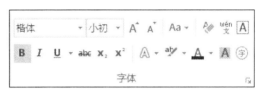

图1-10　"字体"功能组

（4）右击艺术字文本框,从弹出的快捷菜单中选择"其他布局选项"命令,如图 1-11 所示,打开"布局"对话框。

（5）在"布局"对话框中,切换到"位置"选项卡,选中"水平"栏中的"对齐方式"单选按钮,设置"对齐方式"为"居中",单击"相对于"右侧的下拉按钮并从弹出的下拉列表中选择"页面"选项,如图 1-12 所示。单击"确定"按钮,完成艺术字对齐方式的设置。

图1-11　选择"其他布局选项"命令

图1-12　"布局"对话框

微课

制作个人基本信息
板块

艺术字插入完成后，进行图片的插入，操作步骤如下。

（1）切换到"插入"选项卡，在"插图"功能组中单击"图片"按钮，打开"插入图片"对话框，选择"素材"文件夹中的"水稻.png"，如图 1-13 所示。单击"插入"按钮，完成图片的插入。

图1-13 "插入图片"对话框

（2）切换到"图片工具|格式"选项卡，单击"排列"功能组的"环绕文字"下拉按钮，从弹出的下拉列表中选择"浮于文字上方"选项，如图 1-14 所示。这样可以使被背景图片遮挡的图片显示出来。

（3）使图片处于选中状态，单击"大小"功能组右下角的"对话框启动器"按钮，打开"布局"对话框，切换到"大小"选项卡，保持"锁定纵横比"复选框的被勾选状态，在"高度"栏中的"绝对值"右侧的微调框中输入值"3.4 厘米"，如图 1-15 所示。单击"确定"按钮，完成图片大小的微调。

图1-14 "环绕文字"下拉列表

图1-15 设置图片大小

（4）根据图 1-1 所示的效果，利用鼠标调整图片的位置。

个人基本信息板块中最重要的内容之一就是姓名下方的其他基本信息，可以利用 Word 中的文本框制作此内容，操作步骤如下。

（1）切换到"插入"选项卡，在"文本"功能组中单击"文本框"下拉按钮，在弹出的下拉列表中选择"绘制文本框"选项，如图 1-16 所示。

（2）利用鼠标在图片右侧绘制一个文本框，将"素材"文件夹中的文本文档"人物简介"内容粘贴到文本框中。

（3）选中文本框，切换到"开始"选项卡，在"字体"功能组中设置文本字体为"楷体"，字号为"五号"。

（4）单击"段落"功能组右下角的"对话框启动器"按钮，打开"段落"对话框，在"缩进"栏中，单击"特殊格式"下拉按钮，在弹出的下拉列表中选择"首行缩进"选项，保持"缩进值"不变，完成文本的段落格式设置。

（5）右击文本框，从弹出的快捷菜单中选择"设置形状格式"命令，打开"设置形状格式"窗格，单击"线条"，选中"无线条"单选按钮，如图 1-17 所示。关闭"设置形状式"窗格，完成文本框的格式设置。

图1-16　"绘制文本框"选项

图1-17　设置文本框为"无线条"

至此，个人基本信息板块制作完成，效果如图 1-18 所示。

图1-18　个人基本信息板块制作完成后的效果

1.2.5　制作工作经历板块

被誉为"杂交水稻之父"的袁隆平，将"发展杂交水稻，造福世界人民"作为终其一生的理想和追求。他长期致力于促进杂交水稻技术创新，并将其推广至全世界。利用"形状"下拉列表中的选项并结合文本框可以将水稻研究过程清晰、有条理地展现出来。为了增强整体效果，可以利用"形状"下拉列表中的圆角矩形实现此板块的边框效果，操作步骤如下。

微课

制作工作经历板块

（1）切换到"插入"选项卡，在"插图"功能组中单击"形状"下拉按钮，从其下拉列表中选择"圆角矩形"选项，将鼠标指针移到文档中，根据图 1-1 所示效果，利用鼠标在合适的位置绘制一个圆角矩形。

（2）选中刚刚绘制的圆角矩形，切换到"绘图工具|格式"选项卡，在"形状样式"功能组中，将"形状填充"和"形状轮廓"都设置为"标准色"中的"橙色"。

（3）在选中的圆角矩形中输入文本"水稻研究"，并设置输入文本的字体为"宋体"、字号为"三号"、加粗。

（4）利用同样的方法，再绘制一个圆角矩形，根据图 1-1 所示效果，调整此圆角矩形的大小和位置。切换到"绘图工具|格式"选项卡，在"形状样式"功能组中，设置此圆角矩形的"形状填充"为"无填充"，在"形状轮廓"下拉列表中设置颜色为"标准色"中的"橙色"，选择"虚线"→"短划线"选项，如图 1-19 所示，将"粗细"设置为"0.5 磅"。

（5）为了不遮挡文本，右击虚线圆角矩形，从弹出的快捷菜单中选择"置于底层"级联菜单中的"下移一层"命令，如图 1-20 所示。

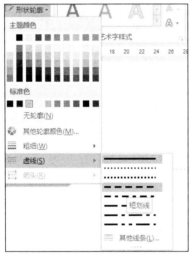
图1-19　设置"虚线"

图1-20　"下移一层"命令

利用文本框可以制作工作经历板块中的内容部分，操作步骤如下。

（1）切换到"插入"选项卡，在"文本"功能组中单击"文本框"下拉按钮，在弹出的下拉列表中选择"绘制文本框"选项。

（2）利用鼠标在"水稻研究"圆角矩形的下方绘制一个文本框，并输入"第一代雄性不育株种子产生"。

（3）设置文本框中文本字体为"楷体"，字号为"五号"，设置文本框的"形状轮廓"为"无轮廓"。

（4）利用同样的方法，再创建 3 个文本框，输入文本并设置文本的格式，调整文本框的位置，效果如图 1-21 所示。

图1-21　文本框添加完成后的效果

利用形状中的箭头，结合文本框，可以很形象地展示各研究阶段的时间，操作步骤如下。

（1）切换到"插入"选项卡，在"插图"功能组中单击"形状"下拉按钮，从弹出的下拉列表中选择"箭头总汇"中的"右箭头"选项，根据图 1-1 所示的效果，在对应的位置绘制一个水平箭头。

（2）切换到"绘图工具|格式"选项卡，在"形状样式"功能组中设置"形状填充"为"标准色"中的"橙色"、"形状轮廓"为"标准色"中的"橙色"。

（3）用同样的方法，绘制 4 个"上箭头"，调整箭头的位置并设置"形状填充"和"形状轮廓"均为"标准色"中的"橙色"，效果如图 1-22 所示。

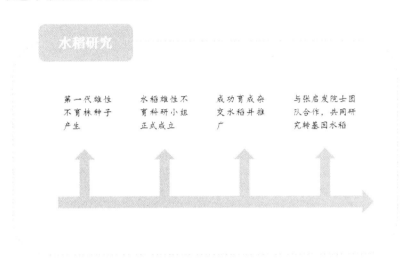

图1-22　箭头添加完成后的效果

（4）在水平箭头的下方，对应"上箭头"的位置绘制 4 个文本框，并输入图 1-23 所示的文本，设置文本框的"形状轮廓"为"无轮廓"。

1964 年 7 月 5 日　　1967 年 6 月　　1975 年—1976 年　　2010 年 3 月

图1-23　文本框添加完成后效果

至此，工作经历板块制作完成。

1.2.6　制作荣誉与成就板块

微课

制作荣誉与
成就板块

袁隆平院士一生中获得了多项荣誉与成就，由于篇幅有限，小张利用 Word 中的 SmartArt 图形展示了袁隆平院士的几项重要荣誉与成就，具体操作如下。

（1）切换到"插入"选项卡，在"插图"功能组中单击"SmartArt"按钮，打开"选择 SmartArt 图形"对话框，选择"流程"中的"基本流程"选项，如图 1-24 所示。单击"确定"按钮。

（2）切换到"SmartArt 工具|格式"选项卡，单击"排列"功能组中的"环绕文字"下拉按钮，从其下拉列表中选择"浮于文字上方"选项，使 SmartArt 图形显示出来。调整 SmartArt 图形的大小，并将其移动到工作经历板块下方。

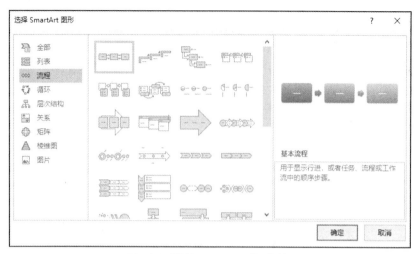

图1-24　"选择SmartArt图形"对话框

（3）切换到"SmartArt 工具|设计"选项卡，在"创建图形"功能组中单击"添加形状"按钮右侧的下拉按钮，从其下拉列表中选择"在后面添加形状"选项，如图 1-25 所示。使当前的 SmartArt 图形拥有 4 个形状。

图1-25　"在后面添加形状"选项

（4）选中 SmartArt 图形，切换到"开始"选项卡，在"字体"功能组中，设置文本的字体为"仿宋"，字号为"10"。

（5）在 SmartArt 图形的文本框中输入图 1-26 所示的文本内容。

图1-26　SmartArt图形的文本内容

（6）切换到"SmartArt 工具|设计"选项卡，单击"更改颜色"下拉按钮，从弹出的下拉列表中选择"个性色 2"中的"彩色轮廓-个性色 2"选项，如图 1-27 所示。更改 SmartArt 图形的颜色。

（7）切换到"插入"选项卡，在"文本"功能组中单击"艺术字"下拉按钮，从弹出的下拉列表中选择"填充-橙色，着色 2，轮廓-着色 2"选项，在页面最下方插入艺术字。

（8）选中艺术字，并输入文本"人就像一粒种子，要做一粒好种子"，设置文本字体为"楷体"、字号为"小初"、加粗。

（9）使艺术字处于选中的状态，切换到"绘图工具|格式"选项卡，在"艺术字样式"功能组中单击"文字效果"下拉按钮，从弹出的下拉列表中选择"转换"→"跟随路径"→"上弯弧"选项，如图 1-28 所示。

图1-27 "更改颜色"下拉列表

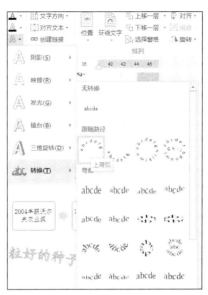

图1-28 "文本效果"下拉列表

1.2.7 保存文档

文档制作完成后,要及时进行保存,具体操作如下。

选择"文件"→"另存为"→"浏览"命令,打开"另存为"对话框,设置对话框中的保存路径与文件名,如图1-29所示。单击"保存"按钮,完成文档的保存。

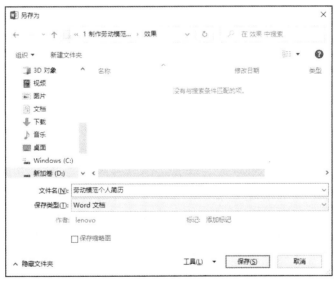

图1-29 "另存为"对话框

在日常工作中,为了避免死机或突然断电造成文档数据的丢失,可以启用自动保存功能。具体操作如下。

选择"文件"→"选项"命令,打开"Word选项"对话框,选择左侧的"保存"选项,勾选"保存自动恢复信息时间间隔"复选框,并在后面的数值框中输入自动保存的间隔时间,如图1-30所示。单击"确定"按钮,关闭对话框,返回文档中。

图1-30 "Word选项"对话框

至此，任务完成。

1.3 任务小结

劳动模范是社会主义建设事业中成绩卓著的劳动者，是党和国家的宝贵财富。劳动模范袁隆平的身上兼具劳模精神和工匠精神，劳模精神和工匠精神作为民族精神与时代精神的重要内容，在文化传承、道德提升、教育导向、爱国情怀上与社会主义核心价值观具有高度的契合性和一致性。

通过劳动模范个人简历的制作，读者学习了 Word 2016 中的文档的新建、文档的页面设置、形状的绘制与格式设置、艺术字的使用、文本框的使用、SmartArt 图形的使用、文档的保存等操作。实际操作中需要注意：对 Word 2016 中的文本进行格式化时，必须先选定要格式化的文本，之后再进行相关操作。

1.4 经验技巧

1.4.1 高频词的巧妙输入

在 Word 2016 中可以利用两种功能完成高频词的输入。

1. 利用 Word 2016 的"自动图文集"功能

利用 Word 2016 的"自动图文集"功能完成高频词的输入有两个步骤。

步骤一：建立高频词。

如"成都市宏宇商贸有限公司"为某个文档中的一个高频词，为了方便输入，可以先选中该词，然后单击快速访问工具栏中的"自动图文集"按钮（注：一般情况下，"自动图文集"按钮未显示在快速访问工具栏中，需要通过自定义方式将其添加到快速访问工具栏中），从弹出的下拉列表中选择"将所选内容保存到自动图文集库"选项，打开"新建构建基块"对话框，然后输入该自动图文集词条的名称（可根据实际的高频词名称使用缩写，如"hy"），完成后单击"确定"按钮。

步骤二：在文档中使用建立的高频词。每次在输入该高频词的时候，只需单击快速访问工具栏中的"自动图文集"按钮，然后从弹出的下拉列表中选择要输入的高频词即可。

2. 利用 Word 2016 的替换功能

频繁出现的词在输入时可以用一个特殊的符号代替，如采用"hy"（双引号不用输入）代替，输入完成后可在"开始"选项卡的"编辑"功能组中单击"替换"按钮（或直接利用组合键<Ctrl+H>），打开"查找和替换"对话框，在"查找内容"的文本框中输入查找内容"hy"，在"替换为"后的文本框中输入"成都市宏宇商贸有限公司"，最后单击"全部替换"按钮即可快速完成高频词的替换输入。

1.4.2 快速输入省略号与当前日期

快速输入省略号与当前日期的具体方法如下。

1. 快速输入省略号

在 Word 2016 中输入省略号时经常采用选择"插入"→"符号"→"符号"命令的方法。其实，只要按两次<Ctrl + Alt + . >组合键便可快速输入省略号，并且在不同的输入法下都可以采用这个方法快速输入省略号。

2. 快速输入当前日期

在 Word 2016 中输入文本时，经常遇到需要输入当前日期的情况。输入当前日期，只需单击"插入"→"文本"→"日期和时间"按钮，从弹出的"日期和时间"对话框中选择需要的日期格式，单击"确定"按钮就可以了。

1.4.3 快速切换英文大小写

在输入文本时，经常出现需要反复切换英文大小写的情况。当需对已输入的英文词组进行大写或小写变换时，可以先选中需切换大小写设置的英文词组，然后重复按<Shift+F3>组合键，即可在"全部大写""全部小写"和"首字母大写，其他字母小写"3 种方式中进行切换。

1.4.4 同时保存所有打开的文档

有时在同时编辑多个文档后，每个文档要逐一保存，既费时又费力，有没有简单的方法呢？

用以下方法可以快速保存所有打开的文档，具体操作如下。

右击"文件"上方的快速访问工具栏，在弹出的快捷菜单中选择"自定义快速访问工具栏"命令，打开"Word 选项"对话框。在"从下列位置选择命令"下拉列表框中选择"不在功能区中的命令"选项，在下方的列表框中选择"全部保存"选项，并单击"添加"按钮将其添加到快速访问工具栏中，再单击"确定"按钮返回文档，"全部保存"按钮便出现在快速访问工具栏中了。有了"全部保存"按钮，就可以一次保存所有文档。

1.4.5 关闭拼写错误标记

在编辑文档时，经常会遇到许多红色或绿色的波浪线，怎样将它们隐藏呢？Word 2016 中有一个拼写和语法检查功能，通过它，用户可以对输入的文本进行实时检查。系统是采用标准语法检查的，因而在编辑文档时，一些常用语或网络语下方会产生红色或绿色的波浪线，即拼写错误标记。这些标记有时候这会影响用户的工作。这时可以将它们隐藏，待编辑完成后再进行检查，方法如下。

（1）右击状态栏上的"拼写和语法状态"图标 ✎，从弹出的快捷菜单中取消勾选"拼写和语法检查"复选框后，拼写错误标记便会立即消失。

（2）如果要进行更详细的设定，可以选择"文件"→"选项"命令，打开"Word 选项"对话框，选择左侧的"校对"选项后，对拼写和语法检查进行详细的设置，如设置拼写和语法检查的方式、自定义词典等。

1.5　AI 加油站：应用文心一言

1.5.1　认识文心一言

文心一言是百度研发的 AI 大语言模型产品，它能够通过上一句话，预测并生成下一段话。任何用户都可以通过输入"指令"和文心一言进行对话互动、提出问题或要求，让文心一言高效地帮助用户获取信息、知识和灵感。

指令其实就是文字，它可以是用户向文心一言提的问题（如帮我解释什么是芯片），可以是用户希望文心一言帮助完成的任务（如帮我写一首关于兰花的诗）。

文心一言具备理解能力、生成能力、逻辑能力、记忆能力。

理解能力是指听得懂潜台词，能理解复杂句式、专业术语；生成能力是指快速生成文本、代码、图片、图表、视频；逻辑能力是指对于复杂的逻辑难题、困难的数学计算、重要的职业或生活决策能较好地应对；记忆能力是指有高性能，更有好记性。

文心一言主要应用于学习成长、生活助手、情感陪伴、休闲娱乐和职场提效五大应用场景。

此外，与此类似的工具还有 360 智脑、魔搭 GPT、豆包、紫东太初等工具。

微课

体验文心一言

1.5.2　体验文心一言

百度搜索"文心一言"，进入其官网，使用手机号注册并登录系统，登录页面如图 1-31 所示。

图1-31　登录文心一言后的页面

在右下角指令文本框中输入"写一首关于兰花的诗"，如图 1-32 所示。

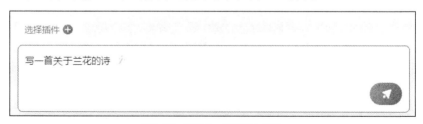

图1-32　在文心一言中输入指令

单击"确定"按钮 ，文心一言模型开始工作，它会生成一首关于兰花的诗，如图 1-33 所示。

图1-33   文心一言对"写一首关于兰花的诗"的生成结果

如果在图 1-32 所示的指令文本框中输入"冰雪主题诗",生成结果如图 1-34 所示。

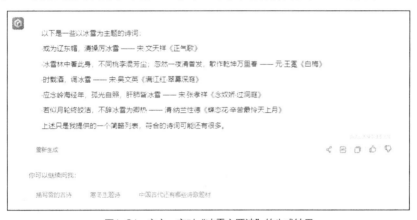

图1-34   文心一言对"冰雪主题诗"的生成结果

1.6   拓展训练

某知名企业要举办一场针对高校学生的大型职业生涯规划活动,并邀请了多位业内人士和资深媒体人参加。该活动由著名职场达人、方东集团董事长陆达先生担任演讲人,因此吸引了各高校学生纷纷前来参与活动。为了此次活动能够圆满完成,并能引起各高校学生的广泛关注,该企业行政部准备制作一份精美的宣传海报。请根据上述活动的描述,结合"素材"文件夹中的文档,利用 Word 2016 制作一份宣传海报,效果如图 1-35 所示。具体要求如下。

(1)调整文档的板面,要求页面高度为 36 厘米,页面宽度为 25 厘米,上、下页边距为 5 厘米,左、右页边距为 4 厘米。

(2)将"素材"文件夹中的"背景图片.jpg"设置为海报背景。

(3)设置标题文本"'职业生涯规划'讲座"的字体为"隶书",字号为"二号",加粗。

(4)根据页面布局需要,调整海报内容中"演讲题目""演讲人""演讲日期""演讲时间""演讲地点"信息的段落间距为 1.5 倍行距。

(5)在"演讲人:"后面输入演讲人的姓名"陆达",从"欢迎大家踊跃参加!"后面另起一页,并设置第 2 页的页面纸张为 A4,纸张方向为"横向",页边距为"常规"。

（6）在第 2 页的"报名流程"下面，利用 SmartArt 图形制作本次活动的报名流程图（行政部报名→确认坐席→领取资料→领取门票）。

（7）将演讲人的照片更换为"素材"文件夹中的"luda.jpg"照片，并将该照片调整到适当位置，且不要遮挡文档中文本的内容。

"职业生涯规划"讲座

演讲题目：职业生涯规划

演讲人：陆达

演讲日期：2023 年 11 月 10 日（星期五）

演讲时间：14:30—17:30

演讲地点：国际会展多媒体大厅

主　办：行政部

欢迎大家踊跃参加！

"职业生涯规划"讲座之活动细则

日程安排

时间	主题	演讲人
14:30—15:00	签到	
15:00—15:30	高校学生职场定位和职业准备	李老师
15:30—16:50	高校学生职业生涯规划	陆达先生
16:50—17:30	现场问答	陆达先生

报名流程

演讲人介绍

陆达先生，著名职场达人兼方东集团的董事长。他带领的方东集团始终坚持诚信、创新，积极承担社会责任，自 1978 年创立以来，企业得到迅速发展，各项经济指标，包括资产、年收入、静利润、年纳税、创造就业数连续多年名列我国民营企业前茅，成为我国民营企业的龙头企业。截至2023年底，方东集团已形成商业地产、高级酒店、文化旅游、连锁百货四大产业，企业资产 3000 亿元，年收入 1417 亿元，年纳税 202 亿元，净利润超过 100 亿元。2023 年上半年，方东集团总收入 745.1 亿元。 陆达先生为我国经济的发展做出了巨大贡献。

图1-35　宣传海报效果

任务 2

制作特色农产品订购单

2.1 任务简介

2.1.1 任务要求与效果展示

小石是陕西某乡镇的大学生村干部，为了振兴乡村、拓宽特色农产品的销售渠道，她要将当地的特色农产品进行线上线下双渠道销售。为此，她需要制作一份线上特色农产品订购单，利用 Word 2016 的制作表格功能，她顺利地完成了此次任务。效果如图 2-1 所示。

特色农产品订购单

订购单号：№				订购日期： 年 月 日	

订 购 人 资 料

□会员 □首次	编号	姓名		联系电话	
姓名		联系电话			
身份证号					
联系地址					

收 货 人 资 料

姓名		联系电话	
收货地址			
备注			

订 购 产 品 资 料

编号	名称	单价/元	数量/箱	金额/元
PG001	洛川苹果	89.9	12	1,078.80
XM004	米脂黄小米	68.5	15	1,027.50
XY003	安康小磨香油	62	5	310.00

合计金额：2,416.30 元

付 款 与 配 送

付款方式	□邮政汇款　□银行转账　□支付宝转账　□微信转账
配送方式	□邮政包裹　□顺丰快递　□申通快递　□中通快递

注 意 事 项

（1）请务必详细填写各项信息，以便尽快为您服务。
（2）在收到您的订单后，我们的工作人员将尽快与您联系，以确认订单。
（3）订单一经确认，将在 3 个工作日内发货。
（4）收货后如遇数量不符或质量问题，请及时与我们的客服人员联系。
（5）团购咨询电话：***－****＊＊＊＊＊＊。

图2-1 "特色农产品订购单"效果

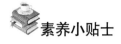素养小贴士

以产业兴旺带动乡村振兴

产业兴旺是乡村振兴的基石。只有产业兴旺了，农民才会就业好、收入高，农村才有生机和活力，乡村振兴才有强大的物质基础。

2.1.2　任务目标

知识目标：
➢ 了解表格的作用；
➢ 了解表格的使用场合。

技能目标：
➢ 掌握表格的创建方法；
➢ 掌握单元格的合并和拆分方法；
➢ 掌握输入与编辑表格内容的方法；
➢ 掌握表格美化的方法；
➢ 掌握表格中公式和函数的使用方法。

素养目标：
➢ 提升自身的组织能力；
➢ 提升获取信息并利用信息的能力。

2.2　任务实施

特色农产品订购单应具备以下特色。

（1）将订购单划分为订购人资料、收货人资料、订购产品资料、付款与配送、注意事项等区域。

（2）表格主体的外边框、不同区域之间的边框以双实线表示。

（3）重点部分用加粗字体注明。

（4）为表明注意事项中提及内容的重要性，用编号对其进行组织。

（5）对于选择性的项目，可以插入空心方框作为选择框。

（6）为重点部分或者不需要填写的单元格填充比较醒目的底纹。

（7）可以快速计算出单个产品的金额，以及订购产品的总金额。

制作此订购单的流程如下。

（1）创建表格。

（2）合并和拆分单元格。

（3）输入与编辑表格内容。

（4）美化表格。

（5）计算表格数据。

2.2.1　创建表格

在创建表格前，应事先规划好表格的行数和列数，以及表格的大概结构。最好先在纸上绘制出表格的草图，再在文档中创建表格，操作步骤如下。

（1）执行"开始"→"Word 2016"命令，启动 Word 2016，新建一个空白文档，以"特

微课

创建表格

色农产品订购单"为其命名并进行保存。

（2）切换到"布局"选项卡，单击"页面设置"功能组右下角的"对话框启动器"按钮 ，在弹出的"页面设置"对话框中，将"页边距"选项卡中的左、右页边距均设置为 2.5 厘米，如图 2-2 所示。单击"确定"按钮，完成页面设置。

（3）在文档的首行输入标题"特色农产品订购单"，并按<Enter>键，将光标移到下一行，输入文本"订购单号："，"订购日期：　　年　　月　　日"，之后按<Enter>键，将光标定位到下一行。

（4）切换到"插入"选项卡，单击"表格"功能组中的"表格"下拉按钮，在弹出的下拉列表中选择"插入表格"选项，如图 2-3 所示。弹出"插入表格"对话框，在"表格尺寸"栏中，将"列数"和"行数"分别设置为"4"和"21"，如图 2-4 所示，设置完成后，单击"确定"按钮，完成表格的插入。

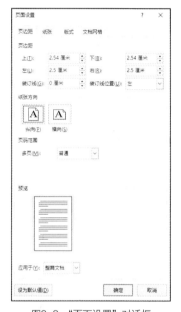

图2-2　"页面设置"对话框

图2-3　"插入表格"选项

图2-4　"插入表格"对话框

（5）选中标题行文本"特色农产品订购单"，切换到"开始"选项卡，在"字体"功能组中将选中文本的字体设置为"微软雅黑"，加粗，字号设置为"一号"，在"段落"功能组中单击"居中"按钮，将文本的对齐方式设置为"居中"对齐，如图 2-5 所示。

图2-5　"字体"和"段落"功能组

（6）使用同样的方法，选中第二行文本，在"开始"选项卡的"字体"功能组中将文本的字体设置为"宋体"，字号设置为"四号"，根据图 2-1 所示的效果调整文字之间的距离。

2.2.2　合并和拆分单元格

表格创建完成后，由于表格结构过于简单，与任务要求的表格结构相差较大，需要对单元格进行合并和拆分，在此之前需要先设置表格的行高和列宽，操作步骤如下。

（1）将鼠标指针移到表格第一行左外侧，当鼠标指针变成 时，单击选中表格的第一行，切换到"表格工具|布局"选项卡，在 "单元格大小"功能组中设置"高度"的值为"1.1 厘米"，

微课

合并和拆分单元格

如图 2-6 所示。

（2）用同样的方法，设置表格第 2～6 行的高度为"0.8 厘米"、第 7 行的高度为"1.1 厘米"，第 8～10 行的高度为"0.8 厘米"，第 11 行的高度为"1.1 厘米"，第 12～16 行的高度为"0.8 厘米"，第 17 行的高度为"1.1 厘米"，第 18～19 行的高度为"0.8 厘米"，第 20 行的高度为"1.1 厘米"，第 21 行的高度为"3 厘米"。

图2-6　设置行高

（3）将鼠标指针移到第 1 列的上方，当鼠标指针变成 ↓ 时，单击选中第 1 列，在"单元格大小"功能组中设置"宽度"的值为"3.5 厘米"，如图 2-7 所示。

（4）使用同样的方法，选中表格的第 2～4 列，设置其宽度为"4.2 厘米"。

（5）选中表格第 1 行，切换到"表格工具|布局"选项卡，在"合并"功能组中单击"合并单元格"按钮，如图 2-8 所示，将第 1 行单元格合并。

图2-7　设置列宽

图2-8　"合并单元格"按钮

（6）用同样的方法合并表格中的以下单元格：第 7 行、第 11 行、第 16 行、第 17 行、第 20 行、第 21 行、第 1 列的第 2～3 行、第 6 行的第 2～4 列、第 9 行的第 2～4 列、第 10 行的第 2～4 列、第 18 行的第 2～4 列、第 19 行的第 2～4 列。

（7）选中第 12～15 行的第 2～4 列单元格，在"合并"功能组中单击"拆分单元格"按钮，弹出"拆分单元格"对话框，设置"列数"的值为"4"，保持"行数"的值不变，如图 2-9 所示。单击"确定"按钮，完成单元格的拆分。

（8）使用同样的方法，将第 5 行的第 2～4 列拆分成 18 列。

（9）将光标定位到第 2 行的第 1 列单元格中，切换到"表格工具|设计"选项卡，在"边框"功能组中单击"边框"下拉按钮，从弹出的下拉列表中选择"斜下框线"选项，如图 2-10 所示。为单元格绘制表头斜线。至此，已完成表格的初步创建，效果如图 2-11 所示。

图2-9　"拆分单元格"对话框

图2-10　"斜下框线"选项

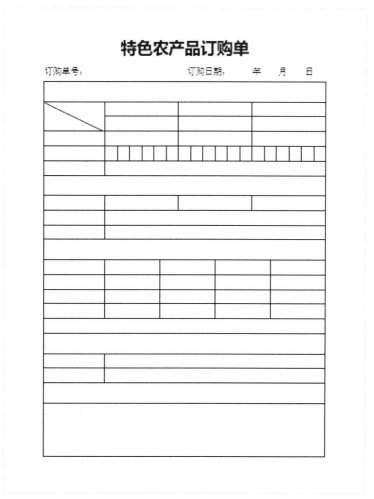

图2-11　表格初步创建效果

2.2.3　输入与编辑表格内容

　　表格框架制作完成后，即可在表格中输入文本内容，设置文本的对齐方式，操作步骤如下。

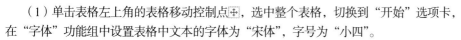

　　（1）单击表格左上角的表格移动控制点⊞，选中整个表格，切换到"开始"选项卡，在"字体"功能组中设置表格中文本的字体为"宋体"，字号为"小四"。

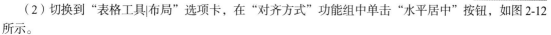

　　（2）切换到"表格工具|布局"选项卡，在"对齐方式"功能组中单击"水平居中"按钮，如图 2-12 所示。

图2-12　"水平居中"按钮

　　（3）在表格的各单元格中输入图 2-13 所示的文本内容，根据图 2-1 调整部分表格文本的对齐方式。

特色农产品订购单

订购单号：　　　　　　　订购日期：　　年　　月　　日

订购人资料			
会员　　　　　首次	编号	姓名	联系电话
姓名		联系电话	
身份证号			
联系地址			
收货人资料			
姓名		联系电话	
收货地址			
备注			
订购产品资料			
付款与配送			
付款方式	邮政汇款　银行转账　支付宝转账　微信转账		
配送方式	邮政包裹　顺丰快递　申通快递　　中通快递		
注意事项			
（1）请务必详细填写各项信息，以便尽快为您服务。 （2）在收到您的订单后，我们的工作人员将尽快与您联系，以确认订单。 （3）订单一经确认，将在 3 个工作日内发货。 （4）收货后如遇数量不符或质量问题，请及时与我们的客服人员联系。 （5）团购咨询电话：***-********。			

图2-13　输入表格内容后效果

　　（4）将光标定位于文本"订购单号："后，切换到"插入"选项卡，在"符号"功能组中单击"符号"下拉按钮，在弹出的下拉列表中选择"其他符号"选项，弹出"符号"对话框。在"符号"选项卡中，保持"字体"中的"（普通文本）"选项不变，在"子集"下拉列表中选择"类似字母的符号"选项，在下方的列表框中选择图 2-14 所示的符号，单击"插入"按钮，再单击"关闭"按钮×，完成特殊符号的插入。

　　（5）用同样的方法，在表格中的"会员""首次""邮政汇款""银行转账""支付宝转账""微信转账""邮政包裹""顺丰快递""申通快递""中通快递"文本前插入空心方框符号"□"。

图2-14　"符号"对话框

2.2.4　美化表格

通过表格文本格式设置、表格的边框和底纹设置等操作，可以美化表格，操作步骤如下。

（1）选择表格第 1 行的"订购人资料"文本内容，切换到"开始"选项卡，在"字体"功能组中单击"对话框启动器"按钮，弹出"字体"对话框，在该对话框的"字体"选项卡中设置"中文字体"为"微软雅黑"，"字号"为"小四"，"字型"为"加粗"；在"高级"选项卡中设置"间距"为"加宽"、磅值为"5 磅"，如图 2-15 所示。

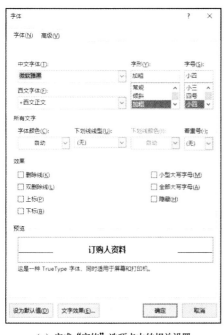

（a）完成"字体"选项卡中的相关设置

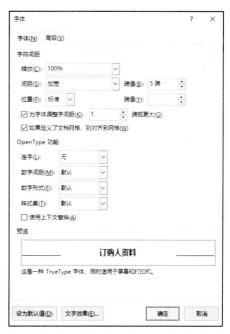

（b）完成"高级"选项卡中的相关设置

图2-15　"字体"对话框

（2）用格式刷将"收货人资料""订购产品资料""付款与配送""注意事项"文本设置为同样格式。

（3）单击表格左上角的表格移动控制点⊞选中整个表格。切换到"表格工具|设计"选项卡，在"边框"功能组中，单击"边框"下拉按钮，在弹出的下拉列表中选择"边框和底纹"选项，如图 2-16 所示。打开"边框和底纹"对话框。

（4）在"边框"选项卡的"设置"栏中选择"自定义"选项，在"样式"列表框中选择"双实线"选项，单击"预览"栏中的上、下、左、右 4 条边框，如图 2-17 所示。单击"确定"按钮，完成整个表格的外侧边框设置。

图2-16 "边框和底纹"选项

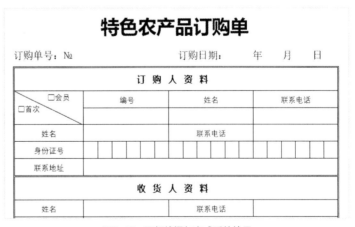

图2-17 "边框和底纹"对话框

（5）选择"联系地址"行，切换到"表格工具|设计"选项卡，在"边框"功能组中，单击"边框"下拉按钮，在弹出的下拉列表中选择"下框线"选项，如图 2-18 所示。将"订购人资料"区域的下边框设置成双实线，以便将此区域与其他区域分隔，效果如图 2-19 所示。

图2-18 "下框线"选项

图2-19 下框线添加完成后的效果

（6）用同样的方法，为其他区域，即"收货人资料""订购产品资料""付款与配送"3 个区域设置"双实线"线型的下边框效果。

（7）选择"订购人资料"单元格，切换到"表格工具|设计"选项卡，在"表格样式"功能组中单击"底

纹"下拉按钮，从弹出的下拉列表中选择"绿色，个性色 6，淡色 80%"选项，如图 2-20 所示。为此单元格添加底纹。

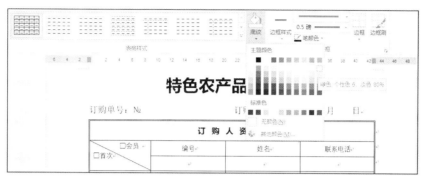

图2-20　添加底纹

（8）用同样的方法，为其他单元格，即"收货人资料""订购产品资料""付款与配送""注意事项"添加同样的底纹。至此，一份空白的特色农产品订购单制作完成，效果如图 2-21 所示。

特色农产品订购单

订购单号：№　　　　　　　　订购日期：　　年　　月　　日

订 购 人 资 料			
□会员 □首次	编号	姓名	联系电话
姓名		联系电话	
身份证号			
联系地址			

收 货 人 资 料		
姓名		联系电话
收货地址		
备注		

订 购 产 品 资 料		

付 款 与 配 送			
付款方式	□邮政汇款	□银行转账	□支付宝转账　□微信转账
配送方式	□邮政包裹	□顺丰快递	□申通快递　□中通快递

注 意 事 项
（1）请务必详细填写各项信息，以便尽快为您服务。 （2）在收到您的订单后，我们的工作人员将尽快与您联系，以确认订单。 （3）订单一经确认，将在 3 个工作日内发货。 （4）收货后如遇数量不符或质量问题，请及时与我们的客服人员联系。 （5）团购咨询电话：***-********。

图2-21　底纹添加完成后的效果

2.2.5　计算表格数据

微课
计算表格数据

空白的特色农产品订购单制作完成后，需要在表格中输入订购单中的订购产品的编号、名称、单价及数量，并且利用 Word 2016 提供的简易公式进行计算，得到订购产品的金额和合计金额，操作步骤如下。

（1）在表格的"订购产品资料"区域中输入说明性文本和订购产品的具体编号、名称、单价及数量，如图 2-22 所示。

订 购 产 品 资 料				
编号	名称	单价/元	数量/箱	金额/元
PG001	洛川苹果	89.9	12	
XM004	米脂黄小米	68.5	15	
XY003	安康小磨香油	62	5	
合计金额: 元				

图2-22　订购的产品信息输入完成后的效果

（2）将光标定位于编号为"PG001"的订购产品所在行的最后一个单元格，即"金额/元"下方的单元格，切换到"表格工具|布局"选项卡，在 "数据"功能组中单击"公式"按钮，如图 2-23 所示，弹出"公式"对话框。

（3）删除"公式"中的"SUM(LEFT)"，单击"粘贴函数"下方的下拉按钮，从弹出的下拉列表中选择"PRODUCT"选项，设置 PRODUCT 函数的参数为"left"（此函数的功能是对左侧的数据进行乘法操作）。之后在"编号格式"下拉列表中选择"¥#,##0.00;(¥#,##0.00)"选项，即图 2-24 所示的编号格式。设置完成后，单击"确定"按钮，完成编号为"PG001"的订购产品的金额计算。

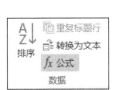

图2-23　"公式"按钮

图2-24　"公式"对话框

（4）用同样的方法，为其他订购产品计算订购金额，如图 2-25 所示。

订 购 产 品 资 料				
编号	名称	单价/元	数量/箱	金额/元
PG001	洛川苹果	89.9	12	1,078.80
XM004	米脂黄小米	68.5	15	1,027.50
XY003	安康小磨香油	62	5	310.00
合计金额: 2,416.30 元				

图2-25　计算各产品的订购金额后的效果

（5）将光标置于"合计金额："后，打开"公式"对话框，使用其中的默认公式"=SUM(ABOVE)"，在"编号格式"下拉列表中选择"￥#,##0.00;(￥#,##0.00)"选项，单击"确定"按钮，计算出该订购单的总金额。

（6）单击"保存"按钮，保存文档，任务完成。

2.3　任务小结

通过特色农产品订购单的制作，读者学习了表格的创建、单元格的合并与拆分、表格边框和底纹的设置、利用公式或函数进行计算等。实际操作中需要注意以下内容。

（1）要对表格中的内容进行编辑，应先选择表格中相应的单元格。

（2）表格创建完成后，可能会因为表格数据变化而需要更改表格的结构，如添加或删除行或列。此时，可以将光标定位到需要添加或删除行或列的位置，在"表格工具|布局"选项卡中单击"行和列"功能组的"在上方插入""在左侧插入"或"删除"按钮，如图2-26所示。

（3）在日常工作中，经常会出现表格跨页的情况，对于这个情况存在的相关问题，可以通过"表格属性"对话框中的设置解决，具体操作如下。

单击表格中的任意单元格，切换到"表格工具|布局"选项卡，在"表"功能组中单击"属性"按钮，打开"表格属性"对话框。切换到"行"选项卡，在"选项"栏中勾选"在各页顶端以标题行形式重复出现"复选框，如图2-27所示。单击"确定"按钮，即可使表格标题行跨页重复显示。

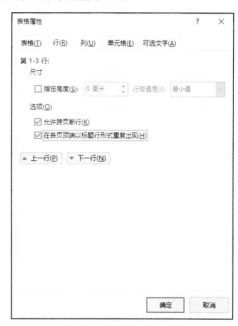

图2-26　"行和列"功能组　　　　　　　　　　图2-27　"表格属性"对话框

（4）当表格大小超过一页时，为了使表格美观，可以打开"表格属性"对话框，在"行"选项卡中取消勾选"允许跨页断行"复选框，防止表格中的文本被分成两部分。

（5）当用户需要把表格指定的单元格或整张表格转换为文本时，可以选中需要转换的单元格或表格，通过"表格工具|布局"选项卡中"数据"功能组的"转换为文本"按钮进行转换。

（6）用户也可以将文本转换成表格。其中的关键操作是使用分隔符将文本合理分隔，Word 2016能够识别常见的分隔符，如段落标记、制表符、逗号，操作方法如下。

选择需要转换为表格的文本，切换到"插入"选项卡，在"表格"功能组中单击"表格"下拉按钮，在弹出的下拉列表中选择"文本转换成表格"选项，如图 2-28 所示。弹出"将文字转换成表格"对话框，如

图 2-29 所示。使用默认的行数和列数，单击"确定"按钮，即可实现将文本转换成表格的效果。

图2-28 "文本转换成表格"选项　　　　　　图2-29 "将文字转换成表格"对话框

2.4　经验技巧

2.4.1　快速输入中文数字

利用"编号"功能，可快速输入中文数字，操作步骤如下。

（1）将光标定位到需要快速输入中文数字处。

（2）切换到"插入"选项卡，在"符号"功能组中单击"编号"按钮，弹出"编号"对话框。

（3）在"编号"对话框中输入阿拉伯数字，如"345"，在"编号类型"列表框中选择"壹，贰，叁…"选项，如图 2-30 所示。单击"确定"按钮，即可在光标处显示出"345"对应的中文数字"叁佰肆拾伍"。

图2-30 "编号"对话框

2.4.2　轻松输入图形符号

在 Word 2016 中经常看到一些漂亮的图形符号，如"✎""✆""☎"等，这些图形符号不是通过粘贴图形得到的。Word 2016 中有几种自带的字体可以产生这些漂亮、实用的图形符号。在需要产生这些图形符号的位置，先把字体更改为"Wingdings""Wingdings2""Wingdings3"或其相关字体，然后试着在键盘上按如<7>、<9>、<A>等键，此时就会产生这些漂亮的图形符号。如把字体更改为"Wingdings"，再在键盘上按<D>键，便会产生一个"♌"图形符号。（注意区分大小写，大写状态下得到的图形符号与小写状态下得到的图形符号不同）。

2.4.3　<Alt>键、<Ctrl>键和<Shift>键在表格中的妙用

1. 使用<Alt>键精确调整表格边框

用鼠标手动调整表格边框比较困难，无法实现精确调整。其实只要按住<Alt>键不放，然后试着用鼠标调整表格的边框，表格的标尺就会发生变化，精确到 0.01 厘米，精确度明显提高了。

2. 使用<Ctrl>键和<Shift>键调整表格的列宽

通常情况下，拖曳竖向表格线可调整相邻两列的列宽。在按住<Ctrl>键不放的同时拖曳竖向表格线，表格列宽将改变，增加或减少的列宽由其右方的列共同分享或分担；在按住<Shift>键不放的同时拖曳竖向表格线，只改变该表格线左方的列宽，其右方的列宽不变。

2.4.4　锁定表格标题行

在 Word 2016 的"视图"选项卡中单击"窗口"功能组中的"拆分"按钮，如图 2-31 所示，可提供给用户一个可以用来拆分编辑窗口的"分割条"。要使表格顶部的标题行始终处于可见状态，可将鼠标指针指向"分割条"，当鼠标指针变为⇼后，将"分割条"向下拖至所需的位置，并释放鼠标左键。此时，编辑窗口被拆分为上、下两部分，这就是两个"窗格"。在下面的"窗格"中任意位置单击，可对表格进行编辑操作，而不用担心上面的"窗格"中的表格标题行会移出屏幕可视范围。要将两个"窗格"还原成一个编辑窗口，在"窗口"功能组中单击"取消拆分"按钮即可。

图2-31　"拆分"按钮

2.4.5　在表格两侧输入文本

如果在表格右侧输入文本，Word 2016 会将输入的文本自动添加到表格下一行的第一个单元格中，无法将文本添加到表格右侧。这时可以先选中表格的最后一列单元格，然后右击选中的单元格，从弹出的快捷菜单中选择"合并单元格"命令，将其合并成一个单元格，再打开"边框和底纹"对话框，在"边框"选项卡的"设置"栏中选择"自定义"选项，然后用鼠标取消选中表格的上、下、右边框，单击"确定"按钮返回文档，然后在该单元格中输入文本，文本就会被添加到表格右侧。

如果想在表格左侧输入文本，则只需用鼠标选中表格的最前一列单元格，并把它们合并成一个单元格，然后在"边框和底纹"对话框中取消选中表格的上、下、左边框即可。

2.5　AI 加油站：应用星火内容运营大师

2.5.1　认识星火内容运营大师

星火内容运营大师是一款由科大讯飞推出的 AI 智能写作软件，它集合了选题目、写作、配图、排版、润色、发布和数据分析等多种功能。它致力为内容运营工作者打造一个可人机协同运营的工作台，在工作台中拥有一个属于自己的运营空间，辅助完成内容运营过程中的信息收集、整理、运营等重复性工作，让内容运营人员能够专注高效，释放创意。

2.5.2　体验星火内容运营大师

在百度搜索"星火内容运营大师"并进入其官网，使用手机号注册并登录系统，如图 2-32 所示。

微课

体验星火内容
运营大师

图2-32　登录星火内容运营大师后的页面

星火内容运营大师可以让用户快速浏览题目，并且将选题目作为内容创作过程中的第一步，在左侧"选题目"栏目中单击"甘肃瓜州县的倾城之爱：2.5 万余名游客滞…"，打开"写内容"页面，如图 2-33 所示。

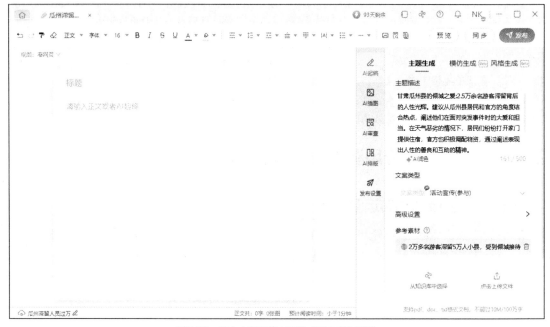

图2-33　星火内容运营大师的"写内容"页面

可以在图 2-33 所示页面右侧的"主题生成"选项卡下单击"AI 润色"按钮对文本润色。也可以在图 2-33 所示页面的标题文本框中输入"甘肃瓜州县滞留 2 万余名游客"，内容文本框中输入"甘肃瓜州县受降雪天气影响，目前已滞留 2 万余名游客……"等相关文本，就可实现图 2-34 所示的效果。

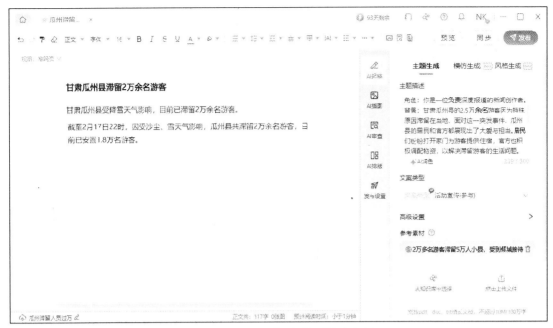

图2-34　星火内容运营大师编写基本文本内容

在图 2-33 所示页面右侧单击"AI 插图"按钮，在"AI 生图"选项卡中输入描述词"降雪天气"，图片风格选择"智能推荐"，图片尺寸选择"16∶9 文章配图"，页面如图 2-35 所示。单击"生成图片"按钮，效果如图 2-36 所示。

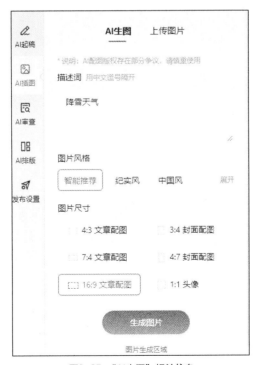

图2-35　"AI生图"相关信息

图2-36　生成图片的效果

单击图 2-36 中生成的第四幅图片，效果如图 2-37 所示。但是，为了增强报道的真实性，建议读者单击"上传图片"按钮上传真实图片。

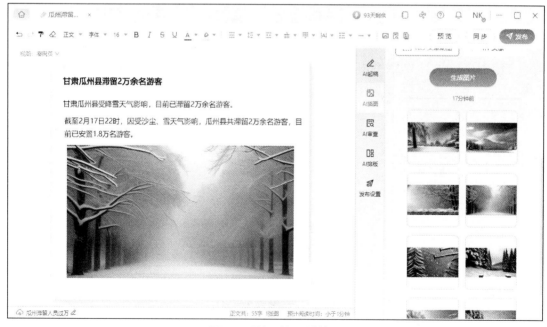

图2-37　添加AI插图后的效果

单击图 2-37 中的"AI 审查"按钮，对文本进行智能审查，效果如图 2-38 所示，单击"全部采纳"按钮后，可完成 AI 的文本校对审查。

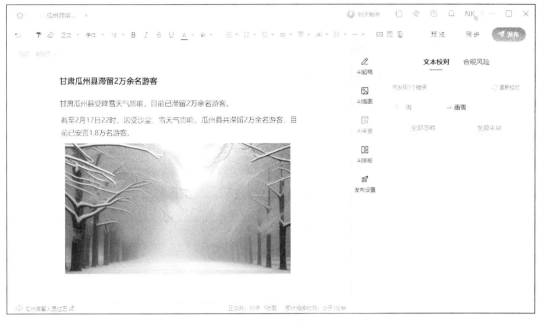

图2-38　AI审查效果

单击图 2-38 中的"AI 排版"按钮，选择"和谐正红"模板，效果如图 2-39 所示。

图2-39　AI排版效果

最后，单击"发布"，选择相关平台账号，即可发布图文信息。

2.6　拓展训练

制作求职简历，效果如图 2-40 所示，要求如下。

（1）表格标题字体为"楷体"，字号为"初号"，居中，段后间距为"0.5 行"。

（2）表格中文本字体为"楷体"，字号"五号"，居中，各部分标题加粗显示。

（3）为表格设置"双线"外边框，为表格中各部分标题添加"橙色"底纹。

（4）根据自身情况，对表格中的各部分内容进行填写，以完善求职简历。

求职简历

基本信息					
姓名		电子邮箱		出生年月	
性别		QQ		联系电话	照片
现居地址				户口所在地	

求职意向			
工作性质		目标职位	
工作地点		期望薪资	

教育背景		
起止时间	学校名称	专业

培训及工作经历		
起止时间	单位名称	职位

家庭关系				
姓名	关系	工作单位	职位	联系电话

自我简介

图2-40　求职简历效果

任务 3

制作"科技下乡"面试流程图

3.1 任务简介

3.1.1 任务要求与效果展示

计算机工程学院为了提高青年大学生的实践能力,增强青年大学生对社会的责任感,结合地方乡村振兴工作,定于暑期安排大二的学生举行"科技下乡"大学生社会实践活动。活动举行前需要对志愿者进行面试,学生会主席小张负责此次面试,为了让流程更加清楚,小张需要制作一张面试流程图。借助 Word 2016 提供的艺术字、形状等功能,小张完成了流程图的制作,效果如图 3-1 所示。

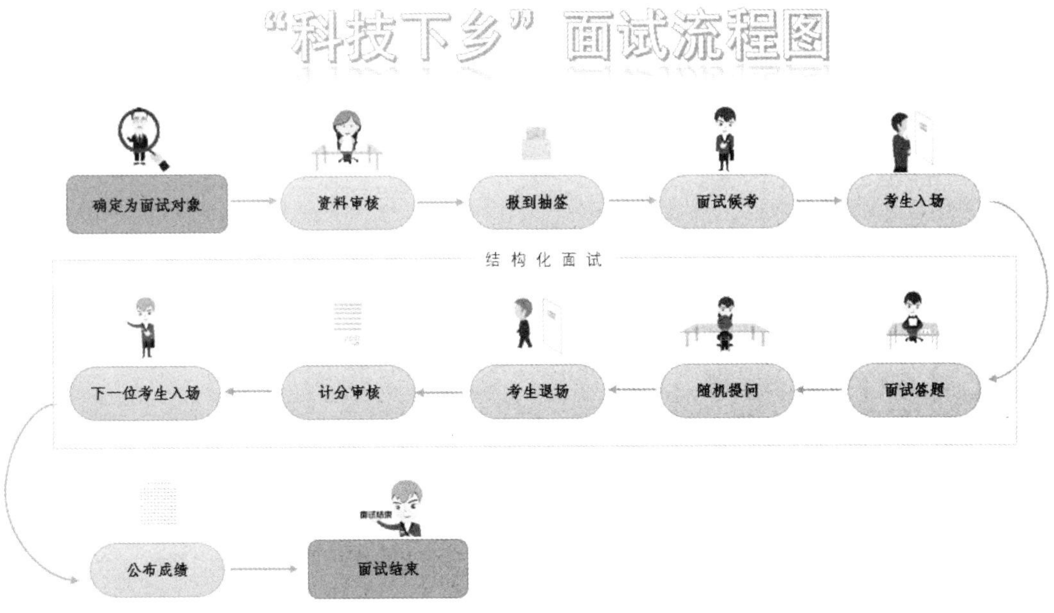

图3-1 "科技下乡"面试流程图效果

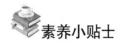
素养小贴士

三下乡

　　三下乡是指"文化、科技、卫生"下乡，是各高校在暑期开展的一项意在提高大学生综合素质的社会实践活动。文化下乡包括图书、报刊下乡，送戏下乡，电影、电视下乡，开展群众性文化活动；科技下乡包括科技人员下乡，科技信息下乡，开展科普活动；卫生下乡包括医务人员下乡，扶持乡村卫生组织，培训农村卫生人员，参与和推动当地合作医疗事业发展。三下乡通过一系列实践活动以期提高大学生的社会实践能力和思想认识，同时让大学生更多地为基层群众服务。

3.1.2　任务目标

知识目标：
➢　了解艺术字的作用；
➢　了解图形的作用与使用场合。

技能目标：
➢　掌握流程图标题的制作；
➢　掌握形状的绘制与编辑；
➢　掌握流程图框架的绘制；
➢　掌握连接符的绘制；
➢　掌握插入并设置图片的方法。

素养目标：
➢　提升分析问题、解决问题的能力；
➢　具备社会责任感，积极参与公益服务与劳动。

3.2　任务实施

　　流程图可以为我们清楚地展现出各环节之间的关系，让我们更加清楚明了地查看或分析流程。流程图的制作步骤大致如下。
　　（1）制作流程图标题。
　　（2）绘制与编辑形状。
　　（3）绘制流程图框架。
　　（4）绘制连接符。
　　（5）插入并设置图片。

微课

制作流程图标题

3.2.1　制作流程图标题

　　为了给流程图保留较大的绘制空间，在制作流程图标题前需要先设置页面布局，具体操作如下。
　　（1）启动 Word 2016，新建一个空白文档。
　　（2）切换到"布局"选项卡，单击"页面设置"功能组右下角的"对话框启动器"按钮，打开"页面设置"对话框。
　　（3）将"页边距"选项卡中的上、下、左、右边距均设置为"1.5 厘米"，选择"纸张方向"栏中的"横向"，如图 3-2 所示。设置完成后，单击"确定"按钮，完成页面设置。

页面布局设置完成后，将光标移至首行，通过添加艺术字制作流程图标题，操作步骤如下。

（1）切换到"插入"选项卡，在"文本"功能组中单击"艺术字"下拉按钮，在弹出的下拉列表中选择"填充-白色，轮廓-着色2，清晰阴影-着色2"选项，如图3-3所示。文档中将自动插入含有默认文本"请在此处放置您的文字"的所选样式的艺术字。

图3-2　"页面设置"对话框

图3-3　"艺术字"下拉列表

（2）将"请在此处放置您的文字"修改为"'科技下乡'面试流程图"。

（3）选中艺术字，切换到"开始"选项卡，在"字体"功能组中将艺术字字体设置为"黑体"，字号设置为"小初"，加粗。

（4）使艺术字处于被选中的状态，切换到"绘图工具|格式"选项卡，在"艺术字样式"功能组中单击"文字效果"下拉按钮，从弹出的下拉列表中选择"映像"→"紧密映像，8pt 偏移量"选项，如图3-4所示。

（5）在"排列"功能组中单击"对齐"下拉按钮，从弹出的下拉列表中选择"水平居中"选项，如图3-5所示。调整艺术字的水平对齐方式，效果如图3-6所示。

图3-4　"文字效果"下拉列表

图3-5　"对齐"下拉列表

"科技下乡" 面试流程图

图3-6　标题制作完成后的效果

3.2.2　绘制与编辑形状

在图 3-1 所示的效果中，该流程图包含圆角矩形、箭头等形状，这些形状都是文档的组成部分。在"插入"选项卡的"插图"功能组中单击"形状"按钮，其下拉列表中包含上百种形状，通过使用这些形状，可以在文档中绘制出各种各样的图形。以任务中的圆角矩形为例，操作步骤如下。

（1）切换到"插入"选项卡，在"插图"功能组中单击"形状"按钮，在弹出的下拉列表中选择"圆角矩形"选项，如图 3-7 所示。

（2）将鼠标指针移到文档中，此时鼠标指针变成╋，在需要插入形状的位置按住鼠标左键并拖动鼠标指针，直至对形状的大小满意后释放鼠标左键，即可在文档中绘制一个圆角矩形。

（3）选择刚刚绘制的圆角矩形，切换到"绘图工具|格式"选项卡，在"形状样式"功能组中单击"其他"按钮，在弹出的下拉列表中选择"彩色填充-橙色，强调颜色 2"选项，如图 3-8 所示。

图3-7　选择"圆角矩形"选项

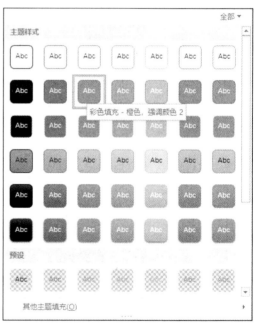

图3-8　"其他"下拉列表

（4）右击圆角矩形，从弹出的快捷菜单中选择"添加文字"命令，如图 3-9 所示。

（5）在光标处输入文本"确定为面试对象"，输入完成后，选中圆角矩形，切换到"开始"选项卡，在"字体"功能组中将文本字体设置为"仿宋"，字号设置为"五号"，加粗，字体颜色设置为"黑色，文字 1"。完成后效果如图 3-10 所示。

图3-9 "添加文字"命令

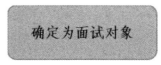

图3-10 文本设置完成后的效果

3.2.3 绘制流程图框架

流程图中包含的各个形状需要逐个绘制并进行布局，以形成流程图框架，操作步骤如下。

（1）切换到"插入"选项卡，在"插图"功能组中单击"形状"按钮，在弹出的下拉列表中选择"圆角矩形"选项，使用鼠标在第一个圆角矩形的右侧绘制一个圆角矩形。

（2）选中步骤（1）绘制的圆角矩形，在"形状填充"下拉列表中选择"细微效果-绿色，强调颜色6"选项。

（3）把鼠标指针放到圆角矩形的圆角半径控制点（黄色控制点）上，按住鼠标左键并向右拖动鼠标指针，以调整圆角半径，效果如图3-11所示。

（4）在绘制的圆角矩形中输入文本"资料审核"，设置文本字体为"仿宋"，字号为"五号"，加粗，颜色为"黑色，文字1"。

（5）根据图3-1所示的效果，多次复制步骤（4）制作的"资料审核"圆角矩形，并依次修改其文本为"报到抽签""面试候考""考生入场""面试答题""随机提问""考生退场""计分审核""下一位考生入场""公布成绩"。复制第一个圆角矩形，修改其文本为"面试结束"，并调整其大小。

（6）按住<Shift>键，依次选中"确定为面试对象""资料审核""报到抽签""面试候考""考生入场"5个形状，切换到"绘图工具|格式"选项卡，在"排列"功能组中单击"对齐"下拉按钮，从弹出的下拉列表中选择"垂直居中"选项，如图3-12所示。使选中的5个形状在同一中心线上对齐。之后再次单击"对齐"下拉按钮，从弹出的下拉列表中选择"横向分布"选项，使选中的5个形状间距相同。

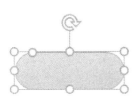

图3-11 圆角半径调整完成后的效果

图3-12 设置形状的对齐

（7）使用同样的方法，依次选择"面试答题""随机提问""考生退场""计分审核""下一位考生入场"5 个形状，设置其对齐方式为"垂直居中"和"横向分布"。之后在"形状样式"功能组的"其他"下拉列表中选择"细微效果-橙色，强调颜色 2"选项，以更改 5 个形状的填充颜色。

（8）使用同样的方法调整"公布成绩""面试结束"两个形状的对齐方式为"垂直居中"。至此，流程图框架绘制完成，效果如图 3-13 所示。

图3-13　流程图框架效果

3.2.4　绘制连接符

流程图框架绘制完成后，为流程图的各个形状间绘制连接符，可以让阅读者更清晰、准确地看到面试流程的走向，操作步骤如下。

微课

绘制连接符

（1）切换到"插入"选项卡，单击"形状"下拉按钮，在弹出的下拉列表中选择"线条"栏中的"箭头"选项。使用鼠标在"确定为面试对象"与"资格审核"形状之间绘制一个箭头。设置箭头的"形状样式"为"粗线-强调颜色 6"。

（2）根据图 3-1 所示的效果，使用同样的方法，绘制其他形状间的箭头，并调整第二行面试相关形状间水平箭头的"形状样式"为"粗线-强调颜色 2"。

（3）单击"形状"下拉按钮，在弹出的下拉列表中选择"线条"栏中的"曲线箭头连接符"选项，之后在"考生入场"与"面试答题"之间绘制一个曲线箭头，设置箭头的"形状样式"为"粗线-强调颜色 6"，利用鼠标调整曲线箭头中间的黄色控制点，以调整曲线箭头的弧度，效果如图 3-14 所示。

（4）使用同样的方法在"下一位考生入场"与"公布成绩"形状间绘制曲线箭头，设置曲线箭头的"形状样式"为"粗线-强调颜色 6"，并调整曲线箭头的弧度。

（5）单击"形状"下拉按钮，在弹出的下拉列表中选择"矩形"栏中的"矩形"按钮，在流程图框架的中间绘制一个矩形，将中间的 5 个形状覆盖。

（6）选中绘制的矩形，切换到"绘图工具|格式"选项卡，在"形状填充"下拉列表中选择"无填充颜色"选项，在"轮廓"下拉列表中选择"橙色，个性色 2，淡色 40%"选项。

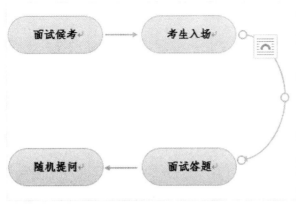

图3-14　曲线箭头调整完成后的效果

（7）切换到"插入"选项卡，在"文本"功能组中单击"文本框"下拉按钮，从弹出的下拉列表中选择"绘制文本框"选项，之后利用鼠标在绘制矩形的上边框中部绘制一个文本框，向文本框中输入文本"结构化面试"。

（8）切换到"开始"选项卡，在"段落"功能组中单击"分散对齐"按钮。切换到"绘图工具|格式"选项卡，在"形状样式"功能组中设置"形状轮廓"为"无轮廓"。效果如图 3-15 所示。

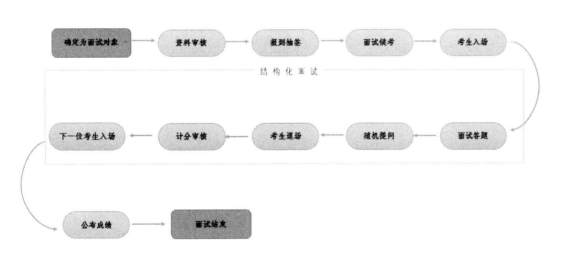

图3-15　绘制矩形与文本框后的效果

3.2.5　插入并设置图片

为了让面试流程的每个节点更加生动形象，小张还要在每个形状的上方添加相应的图片，操作步骤如下。

（1）切换到"插入"选项卡，在"插图"功能组中单击"图片"按钮，打开"插入图片"对话框，选择"素材"文件夹中的图片"1"，如图 3-16 所示。单击"插入"按钮，将图片插入文档中。

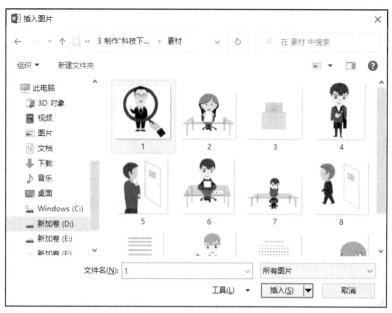

图3-16　"插入图片"对话框

（2）使图片处于被选中的状态，切换到"图片工具|格式"选项卡，在"大小"功能组的"高度"微调框中输入"1.5 厘米"。在"排列"功能组中单击"环绕文字"下拉按钮，从弹出的下拉列表中选择"浮于文字上方"选项。之后将图片移到"确定为面试对象"形状的上方，如图 3-17 所示。

图3-17　图片添加完成后的效果

（3）使用同样的方法为其他的形状添加相应的图片，所有图片的高度均设置为"1.5 厘米"，"环绕文字"均设置为"浮于文字上方"。图片添加完成后的效果如图 3-1 所示。

（4）选择"文件"→"保存"命令，设置文档的保存路径，以"'科技下乡'面试流程图"为文档命名并进行保存。至此制作"科技下乡"面试流程图任务完成。

3.3　任务小结

"科技下乡"是"文化、科技、卫生"下乡中的一个重要活动，是各高校在暑期开展的一项意在提高大学生综合素质的社会实践活动。"科技下乡"可以提高大学生的社会实践能力和思想认识，同时让大学生更多地为基层群众服务。

流程图在我们的日常生活中很常见，它用来说明某一个流程。本任务中的面试流程图主要使用了 Word 2016 中的形状、文本框和图片。通过对本任务的学习，读者应掌握形状的插入与设置、连接符的绘制等。在实际操作中，需要注意以下几个方面。

（1）在制作流程图前，应先制作好草图，这样将使具体操作更轻松。

（2）流程图制作完成后，还可以右击形状，从弹出的快捷菜单中选择"设置形状格式"命令，打开"设置形状格式"窗格。通过窗格中的"效果"选项卡设置形状的阴影、映像、发光、柔化边缘、三维格式、三维旋转等，如图 3-18 所示。大家可以通过拓展训练中的题目来练习操作方法。

图3-18　"设置形状格式"窗格

3.4　经验技巧

3.4.1　输入偏旁

利用"符号"功能可输入偏旁。如需要在文档中输入偏旁"犭"，可进行如下操作。

（1）将光标定位到需要输入偏旁处，输入"猫"，并将其选中。

（2）切换到"插入"选项卡，在"符号"功能组中单击"符号"下拉按钮，从弹出的下拉列表中选择"其他符号"选项，弹出"符号"对话框。

（3）在对话框中选中"犭"，如图 3-19 所示。单击"插入"按钮，即可将"犭"插入文档。

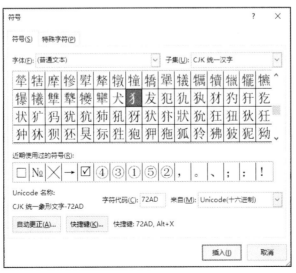

图3-19　"符号"对话框

3.4.2　用鼠标实现"即点即输"

在 Word 2016 中编辑文件时，有可能需要在文件的最后几行输入内容，通常只有多按几次<Enter>键或空格键，才能将光标移至目标位置。在没有使用过的空白页中定位光标，可以通过双击实现，具体操作如下。

选择"文件"→"选项"命令，打开"Word 选项"对话框，选择左侧的"高级"选项，在"编辑选项"组中勾选"启用'即点即输'"复选框。这样就可以在文件的空白区域通过双击定位光标了。

3.4.3　<Ctrl>键和<Shift>键在绘图中的妙用

1. <Ctrl>键在绘图中的妙用

<Ctrl>键可以在绘图时发挥巨大的作用。在使用绘图工具拖曳绘制的形状的同时按住<Ctrl>键，绘制的形状将会以光标起点为中心；在调整绘制的形状大小的同时按住<Ctrl>键，可使形状在编辑中心不变的情况下进行缩放。

2. <Shift>键在绘图中的妙用

需要绘制一个以光标起点为起始点的圆形、正方形或正三角形时，选择某个形状命令后，按住<Shift>键在文档内拖动鼠标指针，即可绘制完成。

3.4.4　新建绘图画布

打开 Word 2016 文档窗口，切换到"插入"选项卡。在"插图"功能组中单击"形状"下拉按钮，从弹出的下拉列表中选择"新建绘图画布"选项。此时将根据页面大小自动插入绘图画布。

3.4.5　组合形状

当文档中存在多个形状时，为了便于对多个形状同时进行移动、复制等操作，可将多个形状进行组合，操作步骤如下。

选中需要组合的形状，切换到"绘图工具|格式"选项卡，在"排列"功能组中单击"组合"下拉按钮，从弹出的下拉列表中选择"组合"选项，如图 3-20 所示。此时可实现所选形状的组合。

图3-20　"组合"选项

3.5　AI 加油站：应用妙办画板工具

3.5.1　认识妙办画板

妙办画板是一款免费的在线画图工具，是能大大提升团队效率的在线实时协作空间，它集 AI 创作、思维导图、分析模型、头脑风暴多种创意表达能力于一体。它能绘制专业绘图软件才能绘制的示意图、思维导图、流程图、组织架构图、脑图、关系图、结构图等。

与妙办画板类似的工具还有亿图脑图 MindMaster、百度脑图、小画桌、印象图记、知犀 AI、TreeMind 树图、博思白板等。

3.5.2　体验妙办画板

在百度搜索"妙办画板"并进入其官网，注册账号并登录系统，如图 3-21 所示。

图3-21　进入妙办画板工作台页面

在图 3-21 所示的搜索文本框中输入"面试流程图"，按<Enter>键后，就能搜索到 69 个结果，如图 3-22 所示。

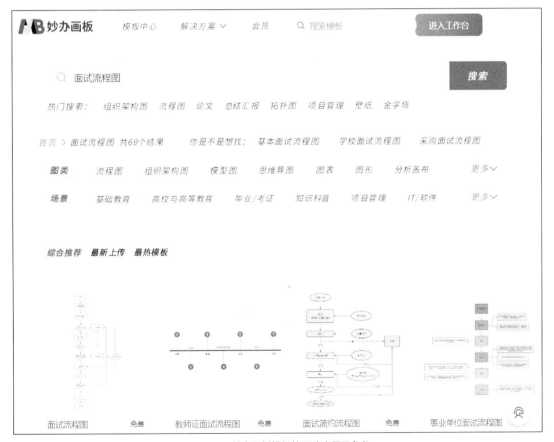

图3-22　妙办画板提供的面试流程图参考

单击第 3 个搜索结果"面试简约流程图"模板后，即可使用此模板，如图 3-23 所示。

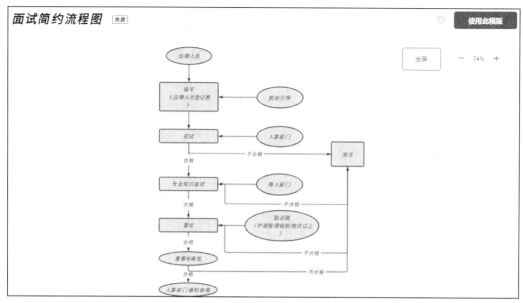

图3-23　使用"面试简约流程图"模板

单击图 3-23 中的"使用此模板"按钮即可修改模板中相关节点的文本内容，如图 3-24 所示。

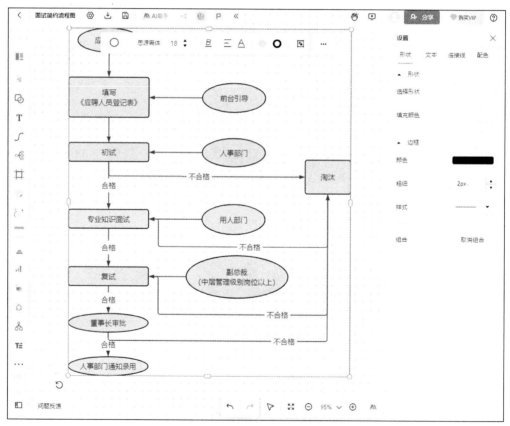

图3-24　修改模板中相关节点的文本内容

此外，读者还可以在工作台中体验 AI 对话、流程图、思维导图、组织框架图、原型图、智能图表、分析模型等功能。

3.6 拓展训练

某医学院第一附属医院为规范体检流程，需制作健康体检工作流程图，参考图 3-25 所示的效果，使用 Word 2016 制作一个健康体检工作流程图。

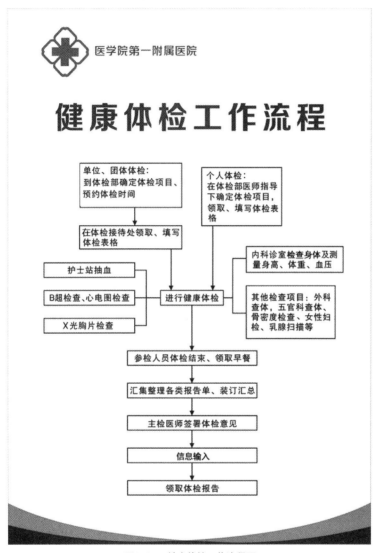

图3-25 健康体检工作流程图

任务 4

制作联谊会请柬与标签

4.1 任务简介

4.1.1 任务要求与效果展示

新春来临之际，海明公司为答谢客户，准备举行新年联谊会。公司秘书部需要为销售部设计并制作一份请柬以及包含邮寄地址的标签，由销售部邮寄给相关客户。秘书部员工小王利用 Word 2016 的邮件功能完成请柬与标签的制作，请柬效果和标签效果分别如图 4-1、图 4-2 所示。

图4-1 请柬效果

图4-2 标签效果

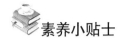

素养小贴士

认识请柬

　　请柬也称为"请帖""柬帖"，其在形式上有横竖之分。请柬既是我国的传统礼仪文书，也是国际通用的社交联络方式。

4.1.2　任务目标

知识目标：

➢　了解页面布局、页面背景的作用；

➢　了解页眉、页脚、邮件合并的作用。

技能目标：

➢　掌握邮件合并的基本操作；

➢　掌握利用邮件合并功能批量制作请柬、标签、贺卡、邀请函、录用通知书、荣誉证书等的操作。

素养目标：

➢　提升自我学习的能力；

➢　具备继承中华优秀传统文化的担当意识。

4.2　任务实施

　　请柬、标签贺卡、邀请函、录用通知书、荣誉证书等文档的共同特点是形式和主要内容相同，但姓名等个别部分不同，此类文档经常需要批量复制或发送。使用邮件合并功能可以非常轻松地做好此类工作。

　　邮件合并的原理是将发送的文档中相同的部分保存为一个文档，称为主文档，将不同的部分，如姓名、电话号码等保存为另一个文档，称为数据源，然后将主文档与数据源合并，形成用户需要的文档。

4.2.1　创建主文档

　　主文档是指含有主体内容的文档，创建请柬的主文档，就是输入每个请柬里内容相同的文本。主文档的创建步骤如下。

　　（1）执行"开始"→"Word 2016"命令，启动 Word 2016，创建一个空白文档。

　　（2）在文档中输入图 4-3 所示的请柬文本内容。

请柬
尊敬的 ：
本公司定于 2025 年 2 月 5 日下午 14:00，在中关村海龙大厦办公大楼五层多功能厅举办新年联谊会，诚挚邀请您抽出宝贵时间光临。
董事长：张*丰
二〇二五年一月十七日
附：联谊会流程。
13:30—14:00 签到
14:00—14:20 董事长致辞
14:20—14:40 特邀嘉宾致辞
14:40—16:40 节目表演、抽奖
16:40—17:00 休息
17:00—19:00 晚宴

图4-3　请柬文本内容

（3）选择请柬标题文本，切换到"开始"选项卡，在"字体"功能组中设置字体为"微软雅黑"，字号为"一号"，字体颜色为"标准色"中的"红色"，加粗。在"段落"功能组中单击"居中"按钮，使标题文本居中，如图4-4所示。

图4-4 "字体"与"段落"功能组

（4）保持标题文本的选中状态，在"字体"功能组中单击"拼音指南"按钮 ，弹出"拼音指南"对话框，如图4-5所示。保持默认设置，单击"确定"按钮，即可为标题文本添加带声调的拼音。在标题文本中间输入两个空格，调整文本之间的距离。

图4-5 "拼音指南"对话框

（5）选中请柬正文内容（从"尊敬的"到"二〇二四年一月十七日"所在的文本段落），切换到"开始"选项卡，在"字体"功能组中设置字体为"宋体"，字号为"四号"，字体颜色为"标准色"中的"蓝色"。

（6）选中"本公司定于……抽出宝贵时间光临。"段落，在"段落"功能组中单击"对话框启动器"按钮 ，弹出"段落"对话框，在"缩进和间距"选项卡中设置"缩进"栏的"特殊格式"为"首行缩进"，"缩进值"保持默认的"2字符"，单击"确定"按钮，完成文本的段落格式设置。

（7）选中落款中包含人名及日期的两行文本，在"段落"功能组中单击"居中"按钮，之后打开"段落"对话框，在"缩进"栏中将"左侧"的数值调整为"20字符"，单击"确定"按钮，关闭对话框。

（8）选中"附：联谊会流程。"及正文的时间和后续文本，在"开始"选项卡的"字体"功能组中设置字体为"宋体"，字号为"四号"，字体颜色为"标准色"中的"绿色"。打开"段落"对话框，单击左下角的"制表位"按钮，弹出"制表位"对话框，在"制表位位置"下方的文本框中输入"20字符"，选中"对齐方式"栏中的"右对齐"单选按钮，如图4-6所示。单击"确定"按钮，关闭对话框。

（9）将光标依次置于时间和后续文本中间，按键盘上的<Tab>键，添加制表位。完成主文档格式的调整，效果如图4-7所示。

（10）切换到"文件"选项卡，单击"属性"下拉按钮，在弹出的下拉列表中选择"高级属性"选项，弹出"文档2 属性"对话框，切换到"自定义"选项卡，在"名称"后的列表框中选择"电话号码"选项，保持"类型"默认值不变,在"取值"后的文本框中输入"010-********",如图4-8所示。单击"确定"按钮,完成文档属性的设置。

图4-6 "制表位"对话框　　　　　　　　　　图4-7 主文档调整格式后的效果

(11)双击页脚,进入页脚的编辑状态,将光标置于页脚中。切换到"页眉和页脚工具|设计"选项卡,在"插入"功能组中单击"文档部件"下拉按钮,从弹出的下拉列表中选择"域"选项,如图4-9所示。弹出"域"对话框,在其中选择"类别"下拉列表中的"文档信息"选项,在"域属性"栏的"属性"列表框中选择"电话号码"选项,如图4-10所示。单击"确定"按钮,向文档中插入公司的联系电话。切换到"开始"选项卡,单击"段落"功能组的"右对齐"按钮,调整文本的对齐方式。双击文档正文,退出页脚编辑状态。

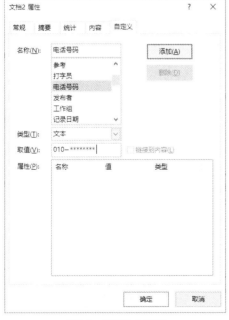

图4-8 "属性"对话框　　　　　　　　　　图4-9 "域"选项

图4-10　"域"对话框

（12）切换到"设计"选项卡，在"页面背景"功能组中单击"水印"下拉按钮，从弹出的下拉列表中选择"自定义水印"选项，如图 4-11 所示。弹出"水印"对话框，选中"图片水印"单选按钮，单击"选择图片"按钮，如图 4-12 所示。弹出"插入图片"对话框，选择"素材"文件夹中的"背景"图片，如图 4-13 所示。单击"插入"按钮返回"水印"对话框。在"缩放"下拉列表中选择"100%"选项，保持右侧"冲蚀"复选框的勾选状态，如图 4-14 所示。单击"确定"按钮，关闭对话框，完成图片水印的插入。

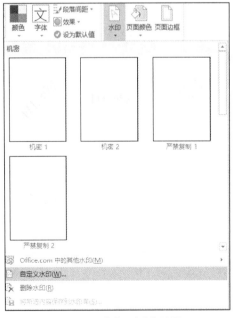

图4-11　"自定义水印"选项

图4-12　"水印"对话框

图4-13　"插入图片"对话框

图4-14　保持"冲蚀"复选框的勾选状态

（13）单击"保存"按钮，将文档以"请柬"命名并保存。至此主文档创建完毕，效果如图 4-15 所示。

图4-15　请柬主文档创建完成的效果

4.2.2　制作数据源

Word 2016 中的邮件合并功能支持的数据源主要包括 Word 数据源、Excel 工作表、HTML（Hyper Text Markup Language，超文本标记语言）文件等。本任务中已有一个以文档形式保存的"客户信息"，将其中的内容转换成表格后，可将其作为邮件合并功能的 Word 数据源，操作步骤如下。

（1）打开"素材"文件夹下的文档"客户信息"。

（2）按<Ctrl+A>组合键全选文档，切换到"插入"选项卡，在"表格"功能组中单击"表格"下拉按钮，从弹出的下拉列表中选择"文本转换成表格"选项，如图 4-16 所示。弹出"将文字转换成表格"对话框，保持对话框中的默认值不变，如图 4-17 所示。单击"确定"按钮，即可将所选文本转换成一个 5 列 16 行、与窗口同宽的表格。

图4-16　"文本转换成表格"选项

图4-17　"将文字转换成表格"对话框

（3）将光标置于表格第 1 列单元格中，右击表格，在弹出的快捷菜单中选择"插入"级联菜单中的"在左侧插入列"命令，此时在表格最左侧插入一个空白列。

（4）选中表格最左侧一列，切换到"开始"选项卡，在"段落"功能组中单击"编号"下拉按钮，在弹出的下拉列表中选择"定义新编号格式"选项，如图 4-18 所示。弹出"定义新编号格式"对话框，在"编号格式"下的文本框中删除数字编号右侧的标点符号，只保留数字编号，如图 4-19 所示。单击"确定"按钮，关闭对话框，完成选中列编号的自动添加。

图4-18　"定义新编号格式"选项

图4-19　"定义新编号格式"对话框

（5）使最左侧单元格保持被选中的状态，在"段落"功能组中单击"居中"按钮，设置编号在单元格内居中显示。

（6）取消最左侧单元格的选中状态，删除第一个单元格中的编号，并输入文本"序号"，右击"序号"下面的编号，从弹出的快捷菜单中选择"调整列表缩进"命令，弹出"调整列表缩进量"对话框，将"文本缩进"设置为"0 厘米"，"编号之后"设置为"不特别标注"，如图 4-20 所示。单击"确定"按钮，完成列表缩进量的调整。

（7）选择"文件"→"保存"命令，保存文档，完成数据源的制作。

4.2.3　邮件合并

数据源制作完成后，就可以进行邮件合并了，操作步骤如下。

（1）打开文档"请柬"。切换到"邮件"选项卡，在"开始邮件合并"功能组中单击"选择收件人"下拉按钮，选择弹出的下拉列表中的"使用现有列表"选项，如图 4-21 所示。弹出"选取数据源"对话框，选择 4.2.2 小节制作的数据源"客户信息"，如图 4-22 所示。单击"打开"按钮，关闭对话框。

图4-21　"使用现有列表"选项

图4-22　"选取数据源"对话框

（2）将光标置于"尊敬的"后，在"编写和插入域"功能组中单击"插入合并域"下拉按钮，在弹出的下拉列表中选择"姓名"选项，如图 4-23 所示。

（3）单击"规则"下拉按钮，在弹出的下拉列表中选择"如果…那么…否则…"选项，如图 4-24 所示。弹出"插入 Word 域：IF"对话框，在"域名"下拉列表中选择"性别"选项，在"比较条件"下拉列表中选择"等于"选项，在"比较对象"文本框中输入"男"，在"则插入此文字"文本框中输入"先生"，在"否则插入此文字"文本框中输入"女士"，如图 4-25 所示。单击"确定"按钮，完成插入 Word 域的规则设置。用格式刷将新插入的"先生"或"女士"字体格式调整为"尊敬的"字体格式。

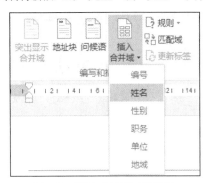

图4-23 "插入合并域"下拉列表

图4-24 "规则"下拉列表

图4-25 "插入Word域：IF"对话框

（4）单击"邮件"选项卡下"开始邮件合并"功能组中的"编辑收件人列表"按钮，弹出"邮件合并收件人"对话框，单击"筛选"按钮，弹出"查询选项"对话框，在"筛选记录"选项卡中，设置"域"为"地域"，"比较条件"为"等于"，"比较对象"为"北京"和"河北"，比较条件之间的关系为"或"，如图 4-26 所示。单击"确定"按钮返回"邮件合并收件人"对话框，再单击"确定"按钮，关闭对话框。

图4-26 "查询选项"对话框

（5）单击"邮件"选项卡下"完成"功能组中的"完成并合并"下拉按钮，在弹出的下拉列表中选择"编辑单个文档"选项，如图4-27所示。弹出"合并到新文档"对话框，如图4-28所示。保持"合并记录"中的"全部"单选按钮的被选中状态，单击"确定"按钮，返回主文档，此时生成合并后的新文档"信函1"。

图4-27　"编辑单个文档"选项　　　　　　　　　图4-28　"合并到新文档"对话框

（6）切换到"信函1"文档中，选择"文件"→"另存为"→"浏览"命令，弹出"另存为"对话框，设置文件的保存路径，以"合并后的请柬"为文档命名并保存。之后关闭"请柬"和"合并后的请柬"，完成请柬的制作。

4.2.4　制作标签

请柬制作完成后，为了方便邮寄，可以利用 Word 2016 中的邮件合并功能制作标签，并将其粘贴到邮寄信封上，操作步骤如下。

（1）新建一个空白文档，切换到"邮件"选项卡，在"开始邮件合并"功能组中单击"开始邮件合并"下拉按钮，在弹出的下拉列表中选择"标签"选项，如图4-29所示。弹出"标签选项"对话框，在对话框中单击"新建标签"按钮，如图4-30所示。弹出"标签详情"对话框，在对话框中设置"标签名称"为"地址"，"上边距"为"0.6厘米"，"侧边距"为"2厘米"，"标签高度"为"4.6厘米"，"标签宽度"为"13厘米"，"标签列数"为"1"，"标签行数"为"5"，"纵向跨度"为5.8厘米，在"页面大小"下拉列表中选择"A4"，如图4-31所示。设置完成后，单击"确定"按钮，返回"标签选项"对话框，此时在对话框的"产品编号"列表框中显示出了刚创建的标签"地址"。单击"确定"按钮关闭对话框，返回文档中。

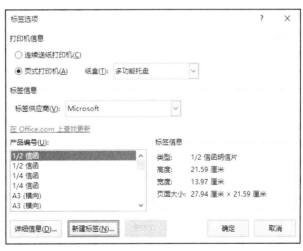

图4-29　"标签"选项　　　　　　　　　图4-30　"标签选项"对话框

（2）单击"表格工具|布局"选项卡下"表"功能组中的"查看网格线"按钮，如图4-32所示。页面中将出现标签的网格虚线。

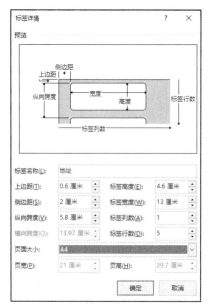

图4-31 "标签详情"对话框

图4-32 "查看网络线"按钮

（3）将光标置于文档的第一个标签中，输入"邮政编码:"，然后单击"邮件"选项卡下"开始邮件合并"功能组中的"选择收件人"下拉按钮，在弹出的下拉列表中选择"使用现有列表"选项，弹出"选取数据源"对话框，浏览并选取"素材"文件夹下的"客户信息"文件，单击"确定"按钮，关闭对话框。

（4）单击"邮件"选项卡下"编写和插入域"功能组中的"插入合并域"下拉按钮，在弹出的下拉列表中选择"邮政编码"选项。在下一段落中输入文本"收件人地址:"，选中文本"收件人地址"，单击"开始"选项卡下"段落"功能组中的"中文版式"下拉按钮，在弹出的下拉列表中选择"调整宽度"选项，如图 4-33所示。弹出"调整宽度"对话框，将"新文字宽度"调整为"7 字符"，如图 4-34 所示。单击"确定"按钮，关闭对话框。之后，将光标定位在文本右侧，单击"邮件"选项卡下"编写和插入域"功能组中的"插入合并域"下拉按钮，在弹出的下拉列表中选择"通讯地址"选项。按照相同的方法，在下一段中输入"收件人:"，并调整文本"收件人"的"新文字宽度"为"7 字符"；插入"姓名"域；单击"邮件"选项卡下"编写和插入域"功能组中的"规则"下拉按钮，在弹出的下拉列表中选择"如果...那么...否则"选项，弹出"插入 Word 域: IF"对话框，在"域名"下拉列表中选择"性别"选项，在"比较条件"下拉列表中选择"等于"选项，在"比较对象"的文本框中输入"男"，在"则插入此文字"文本框中输入"先生"，在"否则插入此文字"文本框中输入"女士"，设置完成后单击"确定"按钮返回文档。

图4-33 "调整宽度"选项

图4-34 "调整宽度"对话框

（5）单击"邮件"选项卡下"编写和插入域"功能组中的"更新标签"按钮，如图 4-35 所示。文档中 4个标签均生成统一内容。

（6）单击"邮件"选项卡下"开始邮件合并"功能组中的"编辑收件人列表"按钮，弹出"邮件合并收件人"对话框，保持默认选项不变，单击"确定"按钮，关闭"邮件合并收件人"对话框。

图4-35　"更新标签"按钮

（7）单击"邮件"选项卡下"完成"功能组中的"完成并合并"下拉按钮，在弹出的下拉列表中选择"编辑单个文档"选项，弹出"合并到新文档"对话框，直接单击"确定"按钮，即可生成新文件"标签 2"。

（8）在"标签 2"文档中选择"文件"→"另存为"→"浏览"命令，弹出"另存为"对话框，设置保存路径，以"请柬标签"对文件命名，并进行保存，效果如图4-2所示。至此任务 4 完成。

4.3　任务小结

通过请柬和标签的制作，读者学习了 Word 2016 中页面背景设置、页脚设置、邮件合并等操作。

通过 Word 2016 的邮件合并功能，读者可以轻松地批量制作请柬、标签、邀请函、贺卡、荣誉证书、录取通知书、工资单、信封、准考证等。

邮件合并的操作共 3 步：创建主文档、制作数据源、执行合并操作。

4.4　经验技巧

4.4.1　巧设 Word 2016 启动后的默认文件夹

Word 2016 启动后，默认打开的文件夹总是"我的文档"。通过设置，可以自定义 Word 2016 启动后的默认文件夹。

操作步骤如下。

（1）执行"文件"→"选项"命令，打开"Word 选项"对话框。

（2）在该对话框中选择列表中的"保存"选项后，找到"保存文档"组中的"默认文件位置"。

（3）单击"浏览"按钮，打开"修改位置"对话框，在"查找范围"下拉列表中选择希望设置为默认文件夹的文件夹。

（4）单击"确定"按钮，此后 Word 2016 的默认文件夹就是用户自己设定的文件夹。

4.4.2　取消"自作聪明"的超链接

当在 Word 2016 文件中输入网址或邮箱地址的时候，Word 2016 会自动将其转换为超链接。如果不小心在超链接上单击，就会启动浏览器，进入超链接对应的页面。但如果不需要这样的功能，就会觉得它有些碍手碍脚了。如何取消这种功能呢？

具体操作方法如下。

（1）单击"文件"→"选项"命令，打开"Word 选项"对话框。

（2）从"Word 选项"对话框左侧列表中选择"校对"选项后，在"自动更正选项"组中单击"自动更正选项"按钮，打开"自动更正"对话框。

（3）打开"键入时自动套用格式"选项卡，取消勾选"Internet 及网络路径替换为超链接"复选框；再打开"自动套用格式"选项卡，取消勾选"Internet 及网络路径替换为超链接"复选框；然后单击"确定"按钮。这样，以后在输入网址或邮箱地址时，它们就不会转换为超链接了。

4.4.3　删除文档中多余的空行

如果文档中有很多空行，手工逐个删除太累，直接输出又浪费墨水和纸。删除这些空行有没有较便捷的方式呢？可以用 Word 2016 自带的替换功能进行处理。

在 Word 2016 中，选择"开始"→"编辑"→"替换"命令，在弹出的"查找和替换"窗口中，单击"高级"按钮，将光标移动到"查找内容"文本框中，然后单击"特殊字符"按钮，选取"段落标记"，这时会看到"^p"出现在文本框内，然后同样输入一个"^p"，在"替换为"文本框中输入"^p"，即用"^p"替换"^p^p"，然后单击"全部替换"按钮，若还有空行则反复单击"全部替换"按钮，多余的空行就不见了。

4.4.4　<Shift>键在文档编辑中的妙用

1.　<Shift＋Delete>组合键＝剪切命令

按<Shift+Delete>组合键就相当于执行剪切命令，所选的文本会被直接剪切到剪贴板中，非常方便。

2.　<Shift＋Insert>组合键＝粘贴命令

这条命令正好与上一条剪切命令对应，按<Shift+Insert>组合键就相当于执行粘贴命令，保存在剪贴板里的最新内容会被直接粘贴到当前光标处，与上面的剪切命令配合，可以大大提高文档的编辑效率。

3.　<Shift>键＋鼠标＝准确选择大段文本

有时可能需要选择大段文本，通常的方法是直接使用鼠标拖动选择，但这种方法一般只便于选择小段文本。如果想选择一些跨页的大段文本，经常会出现鼠标"拖过头"的情况，新手尤其难把握鼠标拖动的速度。只要先在要选择文本的开头单击，然后按住<Shift>键，单击要选择文本的末尾，这时，两次单击之间的所有文本就会马上被选中。

4.4.5　巧设初始页码从"1"开始

在用 Word 2016 对文档进行排版时，对于既有封面又有页码的文档，用户一般会在"页面设置"对话框中选择"版式"选项卡下的"首页不同"选项，以保证封面上不会有页码。但是有一个问题，在默认情况下，页码是从第 2 页开始的，怎样才能让页码从第 1 页开始呢？

解决该问题的方法很简单，在"页眉和页脚"功能组中单击"页码"下拉按钮，在弹出的下拉列表中选择"设置页码格式"命令，在弹出的"页码格式"对话框中将"起始页码"设置为"0"即可。

4.4.6　删除页眉的横线

在向页眉插入信息的时候经常会在下面出现一条横线，如果这条横线影响视觉效果，这时可以采用下述两种方法将其删除。

方法一：选中页眉的内容后，单击"开始"→"段落"→"边框"→"边框和底纹"选项，打开"边框和底纹"对话框，将边框设置为"无"，在"应用于"下拉列表中选择"段落"选项，单击"确定"按钮。

方法二：当设定好页眉的文本后，在"开始"选项卡下"样式"功能组中单击下拉按钮，在弹出的"样式"下拉列表中，把样式改为"页脚""正文样式"或"清除格式"，便可轻松删除横线。

4.5　AI 加油站：应用职徒简历

4.5.1　认识职徒简历

职徒简历是一款智能的专业简历制作平台，支持在线免费进行简历创建、简历排版、简历翻译、简历下载，支持网页端和微信小程序同步编辑。它具有智能排版、智能评测、中英文一键翻译和邮件直接投递等功能。

4.5.2　体验职徒简历

在百度搜索"职徒简历"并进入其官网,使用微信注册并登录系统,如图 4-36 所示。

图4-36　登录职徒简历后的页面

普通用户可使用职徒简历创建一份中文简历和一份英文简历,方法为单击图 4-36 所示页面中的"零经验""学生求职""申请研究生""工作通用""教师"等 10 个类别中任意一个,可以选择中文或者英文简历进行创建。例如单击"学生求职",选择中文简历,此时弹出"引导式填写"和"预览式填写"选项,如图 4-37 所示。

图4-37　弹出"引导式填写"和"预览式填写"选择框

推荐新手选择"引导式填写"选项,依次填写基本信息、教育经历、实习经历、组织及活动经历、技能/证书及其他即可,在此不一一填写。

如果单击的是"学生求职",可以单击导航栏中的"简历模板",在模板分类中单击"大学生简历模板"超链接,页面显示如图 4-38 所示。

图4-38　大学生简历模板

单击"应届生运营简历模板"后的"免费使用"按钮，即可使用该模板。

4.6　拓展训练

刘丽是北京**网络服务有限公司行政人事部的职员，她的主要工作是人员招聘及档案管理等。年中的时候，公司为了扩大销售规模，面试了大批应聘销售相关职位的人员，公司经过讨论，决定对达到要求的人员发一份录用通知书，以告知他们在 2024 年 6 月 15 日上午 10:00 统一到公司报到，所有被录用人员的试用期为 2 个月，试用期工资为 3000 元/月，公司联系电话为 010-888****6。其中，被录用人员名单保存在名为"录用者.xlsx"的 Excel 文件中。效果如图 4-39 所示。

根据上述内容设计录用通知书，具体要求如下。

（1）调整文档版面，要求纸张大小为"B5 (JIS)"，页边距（上、下）为 3 厘米，页边距（左、右）为 2.5 厘米。

（2）在文档页眉的右上角插入素材文件夹下的图片"商标 Pg"，设置图片样式，适当调整图片大小及位置，并在页眉中添加公司联系电话。

（3）根据图 4-39 所示的录用通知书效果，调整录用通知书中内容文本的格式，具体要求：第一行设置为标题格式，第二行设置为副标题格式，部分文本为添加下画线。

（4）设置"二、携带资料"中的 5 行文本的自动序号。

（5）根据页面布局需要，适当设置正文段落的缩进、行间距和对齐方式，并设置文档底部的"**网络服务有限公司"的段前间距。

（6）运用邮件合并功能制作主要内容相同、收件人不同的录用通知书，且每个录用通知书的称呼（先生或女士）、试用期和试用期工资也随录用通知书不同而发生变更（所有相关数据都保存在"录用者.xlsx"中），要求先将合并主文档以"录用通知 1.docx"为文件名进行保存，再进行效果预览，然后生成可以单独编辑的单个文档"录用通知 2.docx"。

联系电话：010-8882***6

**网络服务有限公司
员工录用通知书

　　__郭*威__　先生：

　　您好！

　　您诚意应聘本公司的_销售经理_职位，并通过初审，依本公的司员工录用管理规定决定对您正式录用，竭诚欢迎您加入本公司，有关报道事项如下，敬请参照办理。

一、报道日期和地点

　　日期：2024 年 6 月 15 日上午 10：00。

　　地点：北京市***区***大厦 4011。

二、携带资料

　　（1）　录用通知书。

　　（2）　居民身份证（复印后返还）。

　　（3）　学历证明正本（复印后返还）。

　　（4）　体检表或身体健康证明表。

　　（5）　最近 3 个月内的正面半身 1 寸照片 4 张。

三、按本公司之规定，新录用员工，必须先行试用_2_个月，试用期工资为 _3000_元/月

四、对于前列事项若有疑问或困难，请与本公司行政人事部联系

**网络服务有限公司

行政人事部

2024 年 6 月 10 日

图4-39　录用通知书效果

任务 5

科普文章的编辑与排版

5.1 任务简介

5.1.1 任务要求与效果展示

小李是某医院传染科的医生，正在编辑与排版一篇关于病毒知识的科普文章（"素材"文件夹中的"科普文章原稿.docx"），具体要求如下。

（1）修改文档的上、下、左、右页边距均为 2.5 厘米，页眉和页脚距边界皆为 1.6 厘米。

（2）将文档中 9 个文字颜色为红色的段落设置为"标题 1"样式，7 个文字颜色为蓝色的段落设置为"标题 2"样式，6 个文字颜色为绿色的段落设置为"标题 3"样式。并按照以下要求修改"标题 1""标题 2"和"标题 3"样式。

"标题 1"样式要求如下。

字体格式：黑体、三号、加粗。段落格式：段前、段后间距为 6 磅，单倍行距，左对齐，并与下段同页。

"标题 2"样式要求如下。

字体格式：黑体、四号、加粗。段落格式：段前、段后间距为 6 磅，单倍行距，左对齐，并与下段同页。

"标题 3"样式要求如下。

字体格式：黑体、小四号、加粗。段落格式：段前、段后间距为 3 磅，单倍行距，左对齐，并与下段同页。

（3）不要修改正文样式，将文档中所有的正文段落的段前、段后间距均设置为 0.5 行，首行缩进 2 字符。

（4）修改文档开头处标题"病毒的前生和今世"的文本效果，将轮廓粗细设置为 0.75 磅，阴影的距离设置为 2 磅，并将其转换为"格式文本内容控件"，设置锁定选项为"无法删除内容控件"。

（5）新建"图片"样式，将其应用于文档正文中的 10 张图片，将文档中所有图片下方的图题标签修改为"图"，并将图片和下方的图题都设置为"居中"对齐。

（6）在文档标题"病毒的前生和今世"下方插入正文内容目录和图表目录，且令文档标题和目录位于单独的页面。

（7）为文档中引文源中的条目"陈阅增普通生物学（第 2 版）"添加"标准书号"，内容为"ISBN 704-0-14584-7"；在文档结尾处"参考文献"下方使用"GB/T 7714-2015"样式插入书目。

（8）使用保存在"索引条目.docx"中的索引条目为文档插入索引。将文档的参考文献和索引放置在一个独立页面中。

（9）使用"星型"样式，在页面底部为文档插入页码，页码从 1 开始，文档标题和目录所在页面不显示页码。

（10）仅在文档标题和目录所在的页面显示文字水印"草稿"。

（11）更新文档的正文内容目录、图表目录。

经过技术分析，小李使用 Word 2016 按要求完成了科普文章的编辑与排版，效果如图 5-1 所示。

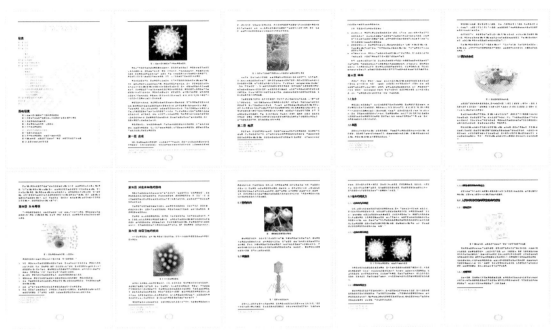

图5-1　科普文章编辑与排版完成后的效果（部分）

 素养小贴士

科学家精神的内涵

胸怀祖国、服务人民的爱国精神；勇攀高峰、敢为人先的创新精神；追求真理、严谨治学的求实精神；淡泊名利、潜心研究的奉献精神；集智攻关、团结协作的协同精神；甘为人梯、奖掖后学的育人精神。

5.1.2　任务目标

知识目标：
➢ 了解长文档的格式要求；
➢ 了解分页符的作用。

技能目标：
➢ 掌握页面设置方法；
➢ 掌握样式的修改方法；
➢ 掌握样式的应用方法；
➢ 掌握图题的添加和设置方法；
➢ 掌握页眉、页脚的设置方法；
➢ 掌握分节符的使用方法；

> ➢ 掌握目录的生成方法。

素养目标：

> ➢ 培养科学严谨的态度；
> ➢ 提高团队意识和培养团队协作精神；
> ➢ 通过编辑与排版科普文章，提高书面表达能力。

5.2 任务实施

编辑、排版科普文章等长文档是比较复杂的。要实现任务要求的效果，需要对文档进行一系列设置，下面逐一进行介绍。

5.2.1 页面设置

对科普文章进行编辑与排版前，先进行页面设置，以便直观地看到页面中的内容和排版效果是否适宜，避免事后进行修改。本任务要求修改文档的上、下、左、右页边距为 2.5 厘米；页眉和页脚距边界皆为 1.6 厘米。页面设置的具体操作如下。

打开"素材"文件夹中的"科普文章原稿.docx"，切换到"布局"选项卡，在"布局"选项卡下单击"页面设置"功能组右下角的"对话框启动器"按钮，弹出"页面设置"对话框，在"页边距"选项卡下将上、下、左、右页边距均设置为"2.5 厘米"，如图 5-2 所示。切换到"版式"选项卡，在"页眉和页脚"栏中设置页眉、页脚距边界皆为"1.6 厘米"，如图 5-3 所示。设置完成后，单击"确定"按钮，关闭"页面设置"对话框，完成文档的页面设置。

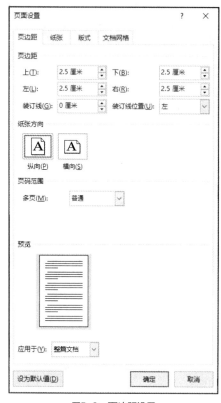

图5-2　页边距设置

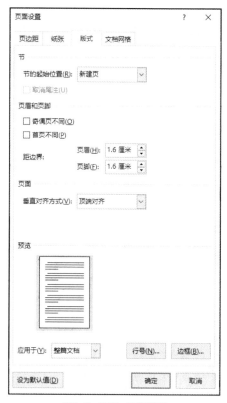

图5-3　页眉、页脚设置

5.2.2　应用与修改样式

样式就是已经命名的字符和段落格式，它规定了文档中标题、正文等各个文本元素的格式。为了使整个文档具有相对统一的风格，相同的标题应该具有相同的样式。

Word 2016 提供了"标题 1"等多种内置样式，但它们不完全符合本任务中的样式要求，需要修改内置样式使其完全符合样式要求。应用与修改样式的操作步骤如下。

（1）将光标定位于文档中第 1 处红色文本段落中，切换到"开始"选项卡，在"编辑"功能组中单击"选择"下拉按钮，在弹出的下拉列表中选择"选定所有格式类似的文本（无数据）"选项，如图 5-4 所示。可将文档中全部的红色文本段落选中。

（2）单击"开始"选项卡下"样式"功能组中的"标题 1"样式，此时所有被选中的文本段落均应用了"标题 1"样式。

（3）右击"标题 1"样式，在弹出的快捷菜单中选择"修改"命令，弹出"修改样式"对话框，设置字体为"黑体"，字号为"三号"，字形为"加粗"，如图 5-5 所示。

图5-4　"选定所有格式类似的文本(无数据)"选项

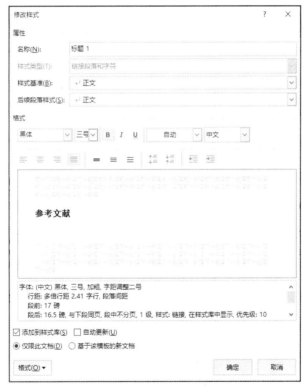

图5-5　"修改样式"对话框

（4）单击对话框下方的"格式"下拉按钮，在弹出的下拉列表中选择"段落"选项，弹出"段落"对话框，在"缩进和间距"选项卡下设置"对齐方式"为"左对齐"，段前、段后间距为"6磅"，行距为"单倍行距"，如图 5-6 所示。切换到"换行和分页"选项卡，勾选"与下段同页"复选框，如图 5-7 所示。设置完成后，单击"确定"按钮，关闭"段落"对话框，返回"修改样式"对话框。再单击"确定"按钮，关闭"修改样式"对话框，返回文档中，完成"标题 1"样式的修改。效果如图 5-8 所示。

图5-6 "段落"对话框

图5-7 设置"换行与分页"

第1章 发现

　　1884 年，法国微生物学家查理斯·尚柏朗发明了一种过滤器（现称作尚柏朗过滤器或尚柏朗-巴斯德过滤器），它的孔径比细菌还小。他想用这种过滤器过滤含有细菌的溶液，以完全去除里面的细

* DIMMOCK NJ, EASTON NJ, LEPPARD KN. Introduction to Modern Virology[M]. Blackwell Publishing Limited New Jersey. Wiley-Blackwell. 2007.

图5-8 "标题1"样式修改完成后的效果（部分）

　　（5）将光标定位于文档中第1处蓝色文本段落中，切换到"开始"选项卡，单击"编辑"功能组中的"选择"下拉按钮，在弹出的下拉列表中选择"选定所有格式类似的文本(无数据)"选项，将文档中全部的蓝色文本段落选中。

　　（6）单击"开始"选项卡下"样式"功能组中的"标题2"样式，此时所有被选中的文本段落均应用了"标题2"样式。

　　（7）右击"标题2"样式，在弹出的快捷菜单中选择"修改"命令，弹出"修改样式"对话框，设置文本字体为"黑体"，字号为"四号"。

　　（8）单击对话框下方的"格式"下拉按钮，在弹出的下拉列表中选择"段落"选项，弹出"段落"对话框，在"缩进和间距"选项卡下设置"对齐方式"为"左对齐"，设置段前、段后间距为"6磅"，行距为"单倍行距"，切换到"换行和分页"选项卡，勾选"与下段同页"复选框，设置完成后，单击"确定"按钮，关闭"段落"对话框。单击"确定"按钮，关闭所有对话框。返回文档中，完成"标题2"样式的修改。效果如图5-9所示。

　　（9）用同样的方法，选中文档中的绿色文本段落，为其应用"标题3"样式，修改"标题3"样式的字体为"黑体"，字号为"小四号"，加粗，段前、段后间距为3磅，单倍行距，左对齐，并与下段同页。

> ### 第 3 章　结构
>
> 　　病毒粒子，亦称为"病毒体"（viron），由化学本质为 DNA 或 RNA 的基因和包裹着基因的蛋白质外壳构成。这个外壳叫作"衣壳"（capsid），由许多更小的相同蛋白质分子（即壳粒）组成。由壳粒堆砌而成的衣壳可以呈现二十面体、螺旋形，以及更加复杂的形状。另外，病毒还拥有一个被称为"核衣壳"（nucleocapsid）的结构。它位于衣壳内部，包裹着病毒的 DNA 或 RNA，其化学本质为蛋白质。另外，一些病毒在衣壳外还拥有脂质（脂肪）构成的包膜。
>
> ### 3.1　大小

图5-9　"标题2"样式修改完成后的效果（部分）

5.2.3　新建"图片"样式

　　当文档中有多张图片时，为了使图片具有统一的样式，可以使用样式功能对图片进行设置，操作步骤如下。

　　（1）选中文档中的第 1 张图片，切换到"开始"选项卡，单击"样式"功能组右下角的"对话框启动器"按钮，弹出"样式"窗格，单击下方的"新建样式"按钮，如图 5-10 所示。弹出"根据格式设置创建新样式"对话框，将名称"样式 1"修改为"图片"，如图 5-11 所示。

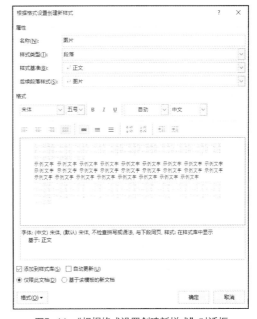

图5-10　"新建样式"按钮　　　　　　　图5-11　"根据格式设置创建新样式"对话框

　　（2）单击下方的"格式"下拉按钮，在弹出的下拉列表中选择"段落"选项，弹出"段落"对话框，在"缩进和间距"选项卡中设置"对齐方式"为"居中"，"行距"为"单倍行距"。切换到"换行和分页"选项卡，勾选"与下段同页"复选框，单击"确定"按钮。返回文档中，完成"图片"样式的创建。

　　（3）依次为文档中的第 2 张至第 10 张图片应用新建的"图片"样式。

　　（4）将光标定位于第 1 张图片下方的图题中，在"开始"选项卡的"编辑"功能组中单击"选择"下拉按钮，在弹出的下拉列表中选择"选定所有格式类似的文本(无数据)"选项，将文档中所有的图片图题都选中。

　　（5）在"开始"选项卡的"编辑"功能组中单击"替换"按钮，弹出"查找和替换"对话框，在"查找内容"文本框中输入"Figure"，在"替换为"文本框中输入"图"，单击左下角的"更多"按钮，在增加的界面中单击"格式"下拉按钮，从弹出的下拉列表中选择"段落"选项，弹出"段落"对话框。选择"对齐方式"下拉列表中的"居中"选项，单击"确定"按钮，返回"查找和替换"对话框，如图 5-12 所示。单击"全部替换"按钮，弹出图 5-13 所示的提示框，单击"否"按钮，关闭提示框，单击"关闭"按钮×，返回文档中，完成图题的替换。

图5-12　"查找和替换"对话框　　　　　图5-13　"Microsoft Word"提示框

5.2.4　设置格式文本内容控件

格式文本内容控件是一种允许用户在文档中插入和编辑格式化文本的工具。它可以帮助用户创建具有特定格式和布局的文本区域，使得文档的呈现更加规范和统一。这种控件在制作表格、表单、报告等需要特定格式的文档中尤为实用。本任务要将文档标题转换为格式文本内容控件，操作步骤如下。

微课

设置格式文本
内容控件

（1）选中文章首行标题内容，切换到"开始"选项卡，在"字体"功能组中单击"文本效果和版式"下拉按钮，在弹出的下拉列表中选择"轮廓"→"粗细"→"0.75 磅"选项，如图 5-14 所示。

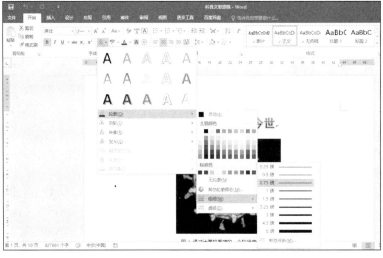

图5-14　"文本效果和版式"下拉列表

（2）再次单击"文本效果和版式"下拉按钮，从弹出的下拉列表中选择"阴影"→"阴影选项"选项，打开"设置文本效果格式"窗格，将"距离"设置为"2 磅"，如图 5-15 所示。

（3）选择"文件"→"选项"命令，弹出"Word 选项"对话框，选择列表中的"自定义功能区"选项，在右侧的列表框中勾选"开发工具"复选框，如图 5-16 所示。单击"确定"按钮，关闭对话框，返回文档中。

图5-15　"设置文本效果格式"窗格

图5-16　"Word选项"对话框

（4）切换到"开发工具"选项卡，在"控件"功能组中单击"格式文本内容控件"按钮，如图 5-17 所示。接着单击右侧的"属性"按钮，弹出"内容控件属性"对话框，勾选"无法删除内容控件"复选框，如图 5-18 所示。单击"确定"按钮，关闭对话框，完成格式文本内容控件的设置。

图5-17　"格式文本内容控件"按钮

图5-18　"内容控件属性"对话框

（5）将光标定位于文档正文中，切换到"开始"选项卡，在"编辑"功能组中单击"选择"下拉按钮，从弹出的下拉列表中选择"选定所有格式类似的文本(无数据)"选项，选中文档中的所有正文样式的文本段落。打开"段落"对话框，将"段前""段后"设置为"0.5 行"，将"特殊格式"设置为"首行缩进"，将"缩进值"设置为"2 字符"。单击"确定"按钮，关闭"段落"对话框，完成正文样式的文本段落格式设置。

5.2.5　插入目录

插入目录前需要先对文档进行分节，分节和插入目录的操作步骤如下。

（1）将光标置于第 1 张图片前，切换到"布局"选项卡，在"页面设置"功能组中单击"分隔符"下拉按钮，从弹出的下拉列表中选择"分节符"中的"下一页"选项，如图 5-19 所示。使文档标题和目录单独占据一页。

（2）将光标置于文档标题的下方，切换到"引用"选项卡，单击"目录"下拉按钮，从弹出的下拉列表中选择"自动目录 1"选项，如图 5-20 所示。此时，在光标处自动插入正文内容目录。

微课

插入目录

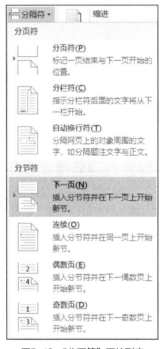

图5-19　"分隔符"下拉列表

图5-20　"目录"下拉列表

（3）选中目录的标题文本"目录"，在"开始"选项卡中，设置选中文本的字体为"黑体"，字号为"三号"，加粗，颜色为"黑色，文字 1"。

（4）在插入目录的下方输入文本"图表目录"，设置其文本格式与目录的标题文本格式相同。

（5）切换到"引用"选项卡，在"题注"功能组中单击"插入表目录"按钮，如图 5-21 所示。弹出"图表目录"对话框，在"常规"栏中将"题注标签"设置为"Figure"，如图 5-22 所示。单击"确定"按钮，返回文档中，完成图表目录的插入，效果如图 5-23 所示。

图5-21　"插入表目录"按钮

图5-22 "图表目录"对话框

病毒的前生和今世

目录

第 1 章 发现 1
第 2 章 起源 2
第 3 章 结构 3
    3.1 大小 3
    3.2 基因 3
    3.3 蛋白质合成 4
第 4 章 生命周期 5
第 5 章 对宿主细胞的影响 5
第 6 章 病毒引起的疾病 6
    6.1 植物疾病 7

图5-23 插入目录完成后的效果(部分)

5.2.6 管理引文和插入书目

微课

管理引文和插入书目

引文是对原文的引用,使用引文主要是为了充实文章的内容,用具有权威性的思想代替自己要表达的思想,或者作为认证的论据,以达到强化主题思想的作用。管理引文和插入书目的操作步骤如下。

(1)切换到"引用"选项卡,在"引文与书目"功能组中单击"管理源"按钮,如图 5-24 所示。弹出"源管理器"对话框,在"当前列表"列表框中选择"吴相钰;陈阅增普通生物学...P259-P261(2005)"选项,如图 5-25 所示。单击"编辑"按钮,弹出"编辑源"对话框。勾选下方的"显示所有书目域"复选框,在"标准代号"文本框中输入"ISBN 978-7-04-014584-7",如图 5-26 所示。单击"确定"按钮,返回"源管理器"对话框,单击"关闭"按钮,返回文档中,完成引文的设置。

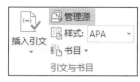

图5-24 "管理源"按钮

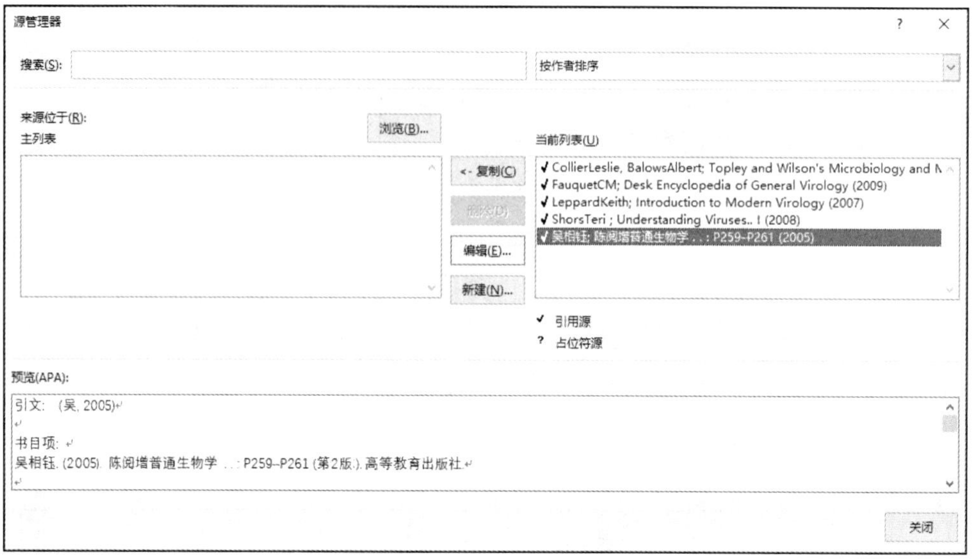

图5-25 "源管理器"对话框

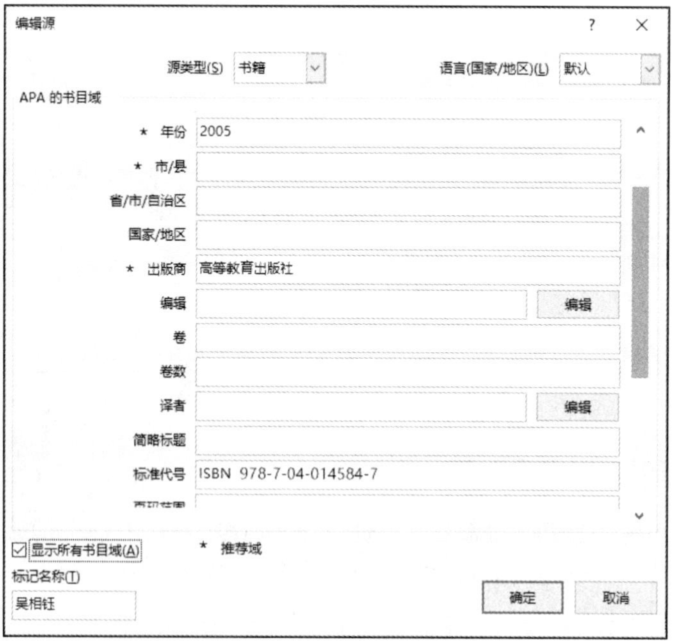

图5-26 "编辑源"对话框

（2）将光标定位于"参考文献"下方，切换到"引用"选项卡，在"引文与书目"功能组中单击"样式"右侧的下拉按钮，从弹出的下拉列表中选择"GB7714"选项，如图 5-27 所示。单击"书目"右侧的下拉按钮，从弹出的下拉列表中选择"插入书目"选项，如图 5-28 所示。此时可在光标处快速插入书目。

图5-27　"样式"下拉列表

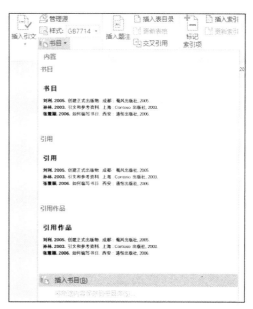

图5-28　"书目"下拉列表

5.2.7　插入索引

在 Word 2016 中，索引是一种功能，它可以帮助用户快速查找文档中特定内容的页面位置。插入索引的操作步骤如下。

（1）将光标定位于"索引"下方，切换到"引用"选项卡，在"索引"功能组中单击"插入索引"按钮，如图 5-29 所示。弹出"索引"对话框，如图 5-30 所示。单击"自动标记"按钮，弹出"打开索引自动标记文件"对话框，选择"素材"文件夹中的文档"索引条目"，如图 5-31 所示。单击"打开"按钮，关闭对话框，返回文档中。

微课

插入索引

图5-29　"插入索引"按钮

图5-30　"索引"对话框

图5-31　"打开索引自动标记文件"对话框

（2）再次打开"索引"对话框，保持对话框中的默认设置不变，单击"确定"按钮，即可在光标处自动插入索引。

（3）将光标定位于"参考文献"内容前，切换到"布局"选项卡，在"页面设置"功能组中单击"分隔符"下拉按钮，从弹出的下拉列表中选择"分页符"选项，使参考文献和索引独立成页，如图 5-32 所示。

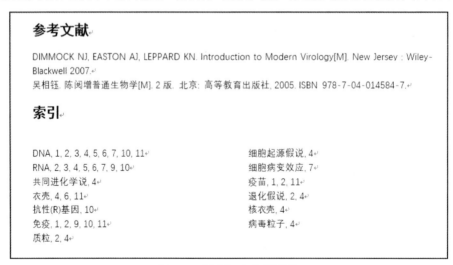

图5-32　索引插入完成后的效果

5.2.8　设置页码

页脚是文档中每个页面底部的区域。它常用于显示文档的附加信息，可以在页脚中插入文本或图形，如页码、日期、公司徽标、文档标题、文件名或作者名等。设置页码的操作步骤如下。

（1）双击第 2 页的页脚位置，进入页眉页脚的编辑状态。切换到"页眉和页脚工具 ｜ 设计"选项卡，在"导航"功能组中取消选中"链接到前一条页眉"，在"页眉和页脚"功能组中单击"页码"下拉按钮，在弹出的下拉列表中选择"设置页码格式"选项，如

图 5-33 所示。弹出"页码格式"对话框，保持"编号格式"默认值不变，将"起始页码"设置为"1"，如图 5-34 所示。

图5-33　"设置页码格式"选项　　　　　　　图5-34　"页码格式"对话框

（2）再次单击"页码"下拉按钮，在弹出的下拉列表中选择"页面底端"→"星型"选项，如图 5-35 所示。单击"关闭页眉和页脚"按钮，返回文档的编辑状态。

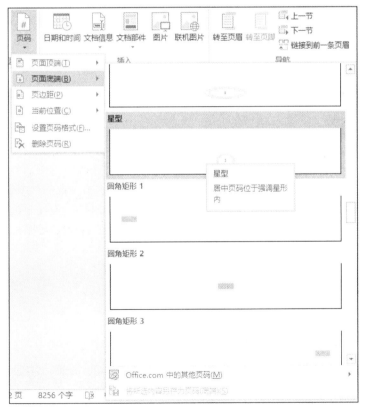

图5-35　设置页码

（3）切换到"设计"选项卡，在"页面背景"功能组中单击"水印"下拉按钮，在弹出的下拉列表中选择"自定义水印"选项，弹出"水印"对话框，选中"文字水印"单选按钮，在"文字"文本框中输入"草稿"，如图 5-36 所示。单击"应用"按钮，返回文档中。

（4）双击第 2 页页眉处，进入页眉页脚的编辑状态，将此页面中的水印对象删除。

（5）右击目录对象，切换到"引用"选项卡，在"目录"功能组中单击"更新目录"按钮，弹出"更新目录"对话框，选中"更新整个目录"单选按钮，如图 5-37 所示。单击"确定"按钮关闭对话框，返回文档的编辑状态。

（6）单击"保存"按钮，保存文档，任务完成。

图5-36 "水印"对话框

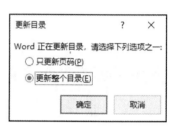

图5-37 "更新目录"对话框

5.3　任务小结

通过学习科普文章的编辑与排版，读者对此类长文档的操作，如页面设置、样式的修改和应用、样式的创建、设置格式文本内容控件、插入目录、插入索引、设置页码等 Word 2016 中的操作应该有了深入的了解。在日常工作中经常会遇到许多长文档，如毕业论文、企业的招标书、员工手册等，有了以上的 Word 2016 操作基础，对于此类长文档的编辑与排版就可以做到游刃有余。

在长文档中，某个多次使用的词语错误时，若逐一修改将花费大量时间，而且难免会出现遗漏，此时可以使用"开始"选项卡中"编辑"功能组的"查找和替换"按钮统一进行修改。需要注意的是，在查找时可以使用通配符"*"和"？"实现模糊查找。

5.4　经验技巧

5.4.1　快速为文档设置主题

主题是一组协调的颜色，应用主题可以使文档具有统一协调的外观。快速为文档设置主题的方法如下。

将光标定位到文档中，切换到"设计"选项卡，在"文档格式"功能组中单击"主题"下拉按钮，从弹出的下拉列表中选择一种主题应用即可，如图 5-38 所示。

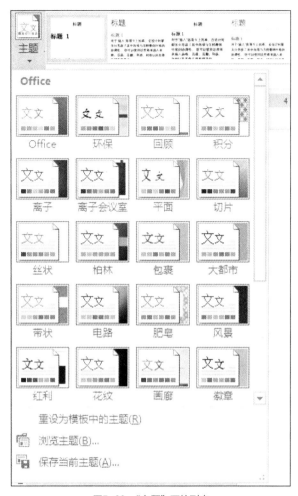

图5-38 "主题"下拉列表

5.4.2 分节符显示技巧

插入分节符后,很可能看不见它。因为默认情况下,在常用的"页面"视图模式下是看不见分节符的。这时,可以在"开始"选项卡的"段落"功能组中单击"显示/隐藏编辑标记"按钮 ,让分节符显示出来。

5.4.3 在 Word 2016 中同时编辑文档的不同部分

一篇长文档在显示器屏幕上不能同时显示出来,但有时因实际情况需要又要同时编辑同一文档中相距较远的几个部分。怎样同时编辑文档的不同部分呢?

操作方法如下。

首先打开需要显示和编辑的文档,如果文档窗口处于最大化状态,就要单击文档窗口中的"还原"按钮,然后在"视图"选项卡的"窗口"功能组中单击"新建窗口"按钮,屏幕上立即会产生一个新窗口,窗口中显示的也是这篇文档,这时就可以通过窗口切换和窗口滚动操作,使不同的窗口显示同一文档的不同部分的内容,以便阅读和编辑、修改文档的不同部分。

5.4.4　章节标题提取技巧

在编辑完包含若干章节的一篇 Word 2016 长文档后，如果需要在文档的开始处加上章节标题的目录，该怎么办？如果对文档中的章节标题应用了相同的格式，例如应用的格式是黑体、二号字，那么有一个提取章节标题的简单方法。

操作方法如下。

（1）在"开始"选项卡的"编辑"功能组中单击"查找"按钮，打开"查找和替换"对话框。

（2）选择"查找内容"框，单击"格式"下拉按钮，从弹出的下拉列表中选择"字体"选项，在"中文字体"框中选择"黑体"，在"字号"框中选择"二号"，单击"确定"按钮。

（3）单击"阅读突出显示"按钮。

此时，Word 2016 将查找所有指定格式的内容，对该例而言就是所有应用相同格式的章节标题。然后选中所有突出显示的内容，这时就可以使用"复制"命令提取它们，然后使用"粘贴"命令把它们插入文档的开始处。

5.4.5　快速查找长文档中的页码

在编辑长文档时，若要快速查找长文档中的页码，可在"开始"选项卡的"编辑"功能组中单击"查找"按钮，打开"查找和替换"对话框；再单击"定位"选项卡，在"定位目标"框中选择"页"，在"输入页号"文本框中输入所需页码，然后单击"定位"按钮即可。

5.4.6　在长文档中快速漫游

在"视图"选项卡的"显示/隐藏"功能组中勾选"导航窗格"复选框，然后单击导航窗格中要跳转的标题，即可跳转至文档中相应的位置。导航窗格将在一个单独的窗格中显示文档标题，用户可通过文档结构图在整个文档中快速漫游并追踪特定位置。用户可在导航窗格中选择显示的内容级别，调整文档结构图的大小。若标题太长，超出文档结构图宽度，不必调整窗口大小，只需将鼠标指针在标题上稍作停留，即可看到整个标题。

5.5　AI 加油站：应用笔灵 AI

微课

应用笔灵 AI

5.5.1　认识笔灵 AI

笔灵 AI 是一个面向专业写作领域的 AI 写作工具，可以帮助用户实现智能创作。该 AI 写作工具可以生成论文、开题报告、公文、商业计划书、文献综述等，输入写作需求，约 30 秒后就可以得到高质量的内容输出。

5.5.2　体验笔灵 AI

在百度搜索"笔灵 AI"并进入其官网，如图 5-39 所示。

单击右上角的"登录/注册"按钮，使用微信扫描二维码即可登录，登录后页面如图 5-40 所示。

下面以完成论文大纲为例体验笔灵 AI 的功能，单击图 5-40 所示的"论文大纲"超链接，打开"论文大纲"页面，在"论文标题"文本框中输入"响应式网站的设计与实现"，如图 5-41 所示。

图5-39　笔灵AI的官网页面

图5-40　登录笔灵AI后的页面

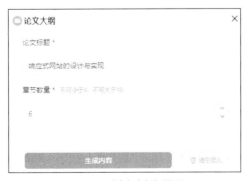

图5-41　"论文大纲"页面

　　单击图 5-41 所示的"生成内容"按钮，笔灵 AI 就能智能生成论文大纲，如图 5-42 所示。如有需要，还可以单击右上角的"导出 Word"按钮将其导出为文档。

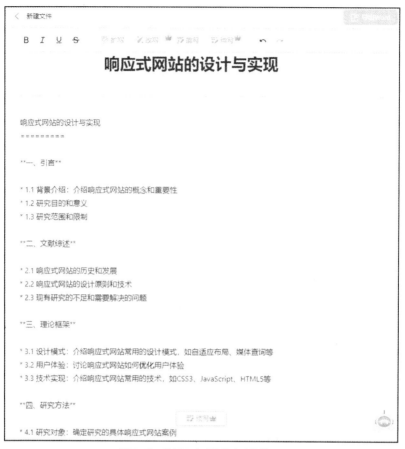

图5-42　笔灵AI生成的论文大纲结果

笔灵 AI 的其他功能很丰富，例如它可以迅速生成心得体会、工作总结、读后感、论文开题报告、分析报告等，读者可以根据需要自行体验。

5.6　拓展训练

某小区为了提高管理水平，准备更换已有的物业公司，现需要制作一份投标书，效果如图 5-43 所示，要求如下。

（1）设置标题段落的文本为华文行楷、小初、加粗。

（2）设置文中"第一部分""第二部分"等文本段落为"标题 1"样式，更改其格式为黑体、三号字、加粗、居中对齐；文中"第 1 章""第 2 章"等章节标题段落为"标题 2"样式，更改其格式为黑体、四号字、加粗、居中对齐；文中各章节中的"一、""二、"等文本段落为"标题 3"样式，更改其格式为宋体、四号字、加粗、左对齐。

（3）按各部分为文档分页，使每一部分都从新的一页开始。

（4）在标题段落下方插入目录，要求目录包含 3 级标题，且标题段落与目录单独成页。

（5）为文档添加页眉和页脚。页眉为"飓风国际　一眼江澜国际别墅区管理投标书"，页脚使用阿拉伯数字、居中显示页码。

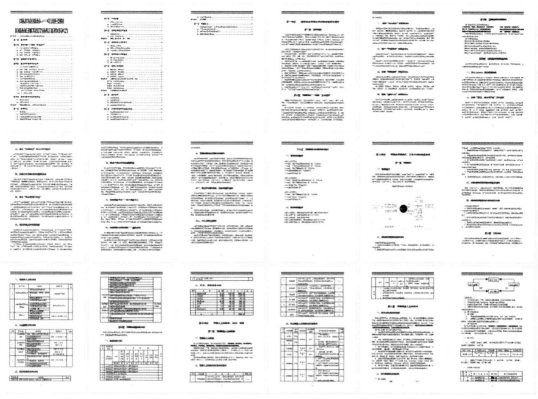

图5-43　编辑与排版后的投标书效果（部分）

任务 6

制作员工信息表

6.1 任务简介

6.1.1 任务要求与效果展示

某公司人事部为了方便员工管理、实现档案电子化，需要将 2024 年入职员工的基本信息录入计算机。该公司人事部要求劳资科的秘书小李利用 Excel 2016 的相关操作完成这项任务。员工信息表效果如图 6-1 所示。

工号	姓名	性别	年龄/岁	部门	学历	身份证号码	工资	联系方式
2024001	梁*清	男	28	行政部	研究生	10012319961023****	¥8,500.00	1893651****
2024002	魏*博	男	26	人事部	本科	13022419980312****	¥7,500.00	1570523****
2024003	陈*安	男	35	宣传部	研究生	13000019890203****	¥8,300.00	1870123****
2024004	魏*安	男	28	市场部	本科	13000019960908****	¥7,200.00	1518965****
2024005	丁*兰	女	34	企划部	研究生	13000019900405****	¥9,000.00	1301516****
2024006	赵*凯	男	30	财务部	研究生	13000019940403****	¥8,900.00	1570101****
2024007	张*徽	男	29	财务部	研究生	13000019950708****	¥8,900.00	1580439****
2024008	王*琦	女	33	市场部	大专	13000019910523****	¥6,200.00	1321332****
2024009	陈*森	男	24	宣传部	大专	13000020001206****	¥6,200.00	1518966****
2024010	裴*飞	男	25	企划部	本科	13000019991013****	¥7,200.00	1310123****

图6-1 员工信息表效果

素养小贴士

个人信息保护法

个人信息保护法一般指《中华人民共和国个人信息保护法》，它是为了保护个人信息权益，规范个人信息处理活动，促进个人信息合理利用，根据《中华人民共和国宪法》(简称《宪法》)制定的。该法于 2021 年 8 月 20 日，由第十三届全国人民代表大会常务委员会第三十次会议通过，自 2021 年 11 月 1 日起施行。

6.1.2　任务目标

知识目标：
➢ 了解 Excel 2016 工作簿文件的作用；
➢ 了解 Excel 2016 工作簿文件的优势。

技能目标：
➢ 掌握单元格的自定义格式设置方法；
➢ 掌握单元格的格式设置方法；
➢ 掌握数据有效性的设置方法；
➢ 掌握自定义数据序列的设置方法；
➢ 掌握表格的格式化方法。

素养目标：
➢ 提升社会责任感和法律意识；
➢ 培养科学严谨的工作态度。

6.2　任务实施

6.2.1　创建员工信息基本表格

由于员工信息表中包含字段较多，在向表格中录入数据前，需要创建一个基本表格，包括表格的标题和表头，操作步骤如下。

（1）执行"开始"→"Excel 2016"命令，启动 Excel 2016。

（2）单击"空白工作簿"按钮，如图 6-2 所示。创建一个空白的工作簿文件。

微课

创建员工信息
基本表格

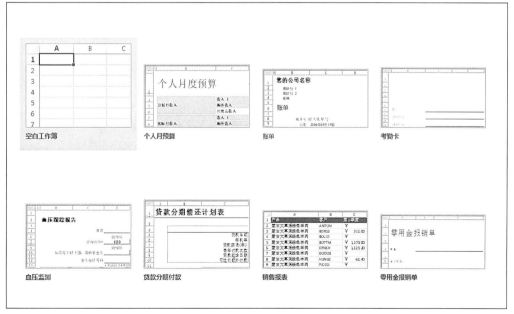

图6-2　"空白工作簿"按钮

（3）右击"Sheet1"工作表标签，从弹出的快捷菜单中选择"重命名"命令，如图 6-3 所示。Sheet1 为默认的工作表标签，输入"员工信息表"，完成工作表的重命名，如图 6-4 所示。之后将工作簿保存为"员工信息表.xlsx"。

图6-3　"重命名"命令

图6-4　重命名工作表

（4）选择单元格 A1，并在其中输入文本"员工信息表"。在单元格区域 A2:I2 中依次输入"工号""姓名""性别""年龄/岁""部门""学历""身份证号码""工资""联系方式"。

（5）选择单元格区域 A1:I1，切换到"开始"选项卡，在"对齐方式"功能组中单击"合并后居中"按钮，如图 6-5 所示。合并单元格区域，效果如图 6-6 所示。

图6-5　"合并后居中"按钮

	A	B	C	D	E	F	G	H	I
1					员工信息表				
2	工号	姓名	性别	年龄/岁	部门	学历	身份证号码	工资	联系方式
3									

图6-6　员工信息表的标题与表头

6.2.2　自定义员工工号格式

员工的工号对员工的管理起着一定的作用，工号格式为"员工入职的年份+3 位编号"，如"2024001"表示 2024 年入职的编号为 001 的员工。可以利用 Excel 中"设置单元格格式"对话框中的"自定义"选项实现员工工号的快速输入，操作步骤如下。

微课

自定义员工工号格式

（1）选择单元格区域 A3:A12，单击"开始"选项卡下"数字"功能组的"对话框启动器"按钮⤢，打开"设置单元格格式"对话框。

（2）选择"数字"选项卡下"分类"列表框中的"自定义"选项，在右侧"类型"下方的文本框中输入"2024000"，如图 6-7 所示。

（3）单击"确定"按钮，返回工作表中，在单元格 A3 中输入"1"，按<Enter>键，即可在单元格 A3 中看到完整的员工工号，再次选中单元格 A3，利用填充句柄，以"填充序列"的方式（见图 6-8）将员工工号自动填充到单元格区域 A4:A12。依次添加工号对应的姓名，效果如图 6-9 所示。

图6-7　设置自定义格式

图6-8　"填充序列"选项

	A	B
1		
2	工号	姓名
3	2024001	梁*清
4	2024002	魏*勇
5	2024003	陈*安
6	2024004	魏*安
7	2024005	丁*兰
8	2024006	赵*凯
9	2024007	张*傲
10	2024008	王*琦
11	2024009	陈*森
12	2024010	裴*飞

图6-9　员工姓名

（4）选择"文件"→"另存为"→"浏览"命令，打开"另存为"对话框，以"员工信息表"命名并保存工作簿文件。

6.2.3　制作性别、部门、学历下拉列表

利用 Excel 2016 中的"数据验证"功能可以制作出下拉列表，供用户选择内容在单元格中显示，方便快速输入信息。制作性别、部门、学历下拉列表的操作步骤如下。

（1）选中单元格区域 C3:C12，切换到"数据"选项卡，在"数据工具"功能组中单击"数据验证"按钮，弹出"数据验证"对话框。

（2）在"设置"选项卡中单击"允许"下方的下拉按钮，从弹出的下拉列表中选择"序列"选项，在"来源"下方的文本框中输入文本"男,女"，如图 6-10 所示。注意：文本中的逗号为英文状态下的符号。单击"确定"按钮，返回工作表。

微课

制作性别、部门、学历下拉列表

（3）此时单元格 C3 右侧出现下拉按钮，单击此按钮，即可在弹出的下拉列表中选择"男"或"女"选项，如图 6-11 所示。

图6-10　"数据验证"对话框

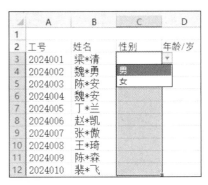

图6-11　选择性别

（4）使用同样的方法，选择单元格区域 E3:E12，打开"数据验证"对话框，设置"允许"为"序列"，"来源"为"行政部,宣传部,企划部,财务部,市场部,人事部"，如图 6-12 所示。

（5）单击"确定"按钮，返回工作表，在"部门"列的单元格中选择员工所对应的部门，效果如图 6-13 所示。

图6-12　设置"部门"列的"数据验证"

图6-13　选择部门后的效果

（6）使用同样的方法，为"学历"列设置"数据验证"序列来源为"大专,本科,研究生"，根据图 6-1 所示的效果，设置"学历"列内容。

6.2.4　设置年龄数据验证

为了避免输入明显错误的数据，利用"数据验证"功能可以限制用户输入的内容，帮助用户快速输入。如对于 2024 年的入职员工来说，员工的年龄要求在 18 岁～35 岁，并且任务中的"年龄"列中输入的年龄必须为整数，此时就可以使用"数据验证"功能限制年龄的输入，避免出错，操作步骤如下。

（1）选择单元格区域 D3:D12，单击"数据"选项卡下"数据工具"功能组中的"数据验证"按钮，打开"数据验证"对话框。

（2）在"设置"选项卡中设置"允许"为"整数"，"数据"为"介于"，"最小值"为"18"，"最大值"为"35"，如图6-14所示。

（3）切换到"输入信息"选项卡，在"输入信息"下方的文本框中输入"请输入18岁～35岁的年龄!"，如图6-15所示。

图6-14　设置输入值的类型与范围

图6-15　设置"输入信息"选项卡

（4）切换到"出错警告"选项卡，从"样式"下拉列表中选择"警告"选项，在"错误信息"下方的文本框中输入错误信息的内容"输入的年龄有误，年龄必须在18岁～35岁!"，如图6-16所示。

（5）单击"确定"按钮，返回工作表，可看到图6-17所示的提示信息。

图6-16　设置"出错警告"

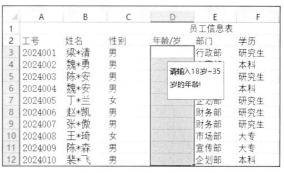

图6-17　"年龄"提示信息

（6）如果在单元格中输入了小于18或大于35的数据，将弹出图6-18所示的提示框，单击"否"按钮，可重新输入数据。"年龄"列数据输入完成后的效果如图6-19所示。

图6-18　警告提示框

图6-19　"年龄"列输入完成后的效果

6.2.5　输入身份证号码与联系方式

微课

输入身份证号码与
联系方式

身份证号码与联系方式是由数字或字母组成的文本型数据，没有数值的意义，所以在输入数据前，要设置单元格的格式，操作步骤如下。

（1）使用<Ctrl>键，选择不连续的单元格区域 G3:G12、I3:I12，切换到"开始"选项卡，单击"数字"功能组右下角的"对话框启动器"按钮 ，打开"设置单元格格式"对话框，在"数字"选项卡的"分类"列表框中选择"文本"选项，如图 6-20 所示。

图6-20　"设置单元格格式"对话框

（2）单击"确定"按钮，完成所选区域的单元格格式设置。

现在身份证号码位数统一为 18 位，对于表中的"身份证号码"列，就可以使用"数据验证"功能校验已输入的身份证号码位数是否正确。设置"数据校验"和输入内容的操作步骤如下。

（1）选择单元格区域 G3:G12，打开"数据验证"对话框，设置"允许"为"文本长度"，"数据"为"等于"，"长度"为18，如图 6-21 所示，单击"确定"按钮，完成设置。

（2）根据图 6-22 所示的效果，输入员工身份证号码与联系方式。

图6-21　限定文本长度

	A	B	C	D	E	F	G	H	I	J
1					员工信息表					
2	工号	姓名	性别	年龄/岁	部门	学历	身份证号码	工资	联系方式	
3	2024001	梁*清	男	28	行政部	研究生	10012319961023****		1893651****	
4	2024002	魏*勇	男	26	人事部	本科	13022419980312****		1570523****	
5	2024003	陈*安	男	35	宣传部	研究生	13000019890203****		1870123****	
6	2024004	魏*安	男	28	市场部	本科	13000019960908****		1518965****	
7	2024005	丁*兰	女	34	企划部	研究生	13000019900405****		1301516****	
8	2024006	赵*凯	男	30	财务部	研究生	13000019940403****		1570101****	
9	2024007	张*微	男	29	财务部	研究生	13000019950708****		1580439****	
10	2024008	王*琦	女	33	市场部	大专	13000019910523****		1321332****	
11	2024009	陈*森	男	24	宣传部	大专	13000020001206****		1518966****	
12	2024010	裴*飞	男	25	企划部	本科	13000019991013****		1310123****	

图6-22　身份证号码与联系方式输入完成后的效果

6.2.6　输入员工工资

微课

输入员工工资

员工工资为货币型数据，在输入员工工资前需要先设置单元格格式。输入员工工资的操作步骤如下。

（1）选择单元格区域 H3:H12，打开"设置单元格格式"对话框，在"数字"选项卡的"分类"列表框中选择"货币"选项，保持其他默认值不变，如图 6-23 所示。单击"确定"按钮，完成所选区域的单元格格式设置。

图6-23　设置为货币型数据

（2）输入每位员工的工资，效果如图 6-24 所示。

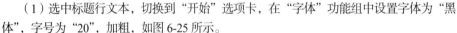

D	E	F	G	H	I
		员工信息表			
年龄/岁	部门	学历	身份证号码	工资	联系方式
28	行政部	研究生	10012319961	¥8,500.00	1893651****
26	人事部	本科	13022419980	¥7,500.00	1570523****
35	宣传部	研究生	13000018900	¥8,300.00	1870123****
28	市场部	本科	13000019960	¥7,200.00	1518965****
34	企划部	研究生	13000019900	¥9,000.00	1301516****
30	财务部	研究生	13000019940	¥8,900.00	1570101****
29	财务部	研究生	13000019950	¥8,900.00	1580439****
33	市场部	大专	13000019910	¥6,200.00	1321332****
24	宣传部	大专	13000020001	¥6,200.00	1518966****
25	企划部	本科	13000019991	¥7,200.00	1310123****

图6-24 "工资"列数据输入完成后的效果

6.2.7　美化表格

表格内容输入完成后，需要对表格格式进行设置，以美化表格，操作步骤如下。

（1）选中标题行文本，切换到"开始"选项卡，在"字体"功能组中设置字体为"黑体"，字号为"20"，加粗，如图 6-25 所示。

（2）用同样的方法，选择单元格区域 A2:I12，设置选中区域的字体为"仿宋"，字号为"12"。在"字体"功能组中单击"边框"下拉按钮，选择弹出的下拉列表中的"所有框线"选项，如图 6-26 所示，为所选区域添加边框。在"对齐方式"功能组中单击"居中"按钮，完成所选区域内容的对齐方式设置。

图6-25 "字体"功能组

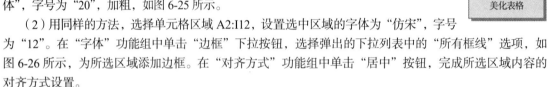

图6-26 "边框"下拉列表

（3）选中表格第 1 行，在"单元格"功能组中单击"格式"下拉按钮，选择弹出的下拉列表中的"行高"选项，如图 6-27 所示。弹出"行高"对话框，在"行高"文本框中输入"40"，如图 6-28 所示，单击"确定"按钮，完成第 1 行行高的设置。

（4）选中第 2 行～第 12 行，用同样的方法设置行高为"20"。

（5）选中列 A～列 I，单击"格式"下拉按钮，从弹出的"格式"下拉列表中选择"自动调整列宽"选项。

（6）保存工作簿文件，至此员工信息表制作完成。

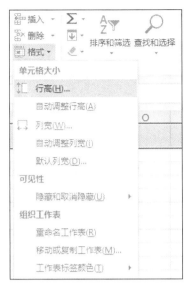

图6-27　"行高"选项

图6-28　"行高"对话框

6.3　任务小结

本任务通过制作员工信息表讲解了 Excel 2016 中新建表格后的设置单元格格式、自定义单元格格式、设置数据验证、验证数据有效性、设置自定义数据序列、美化表格等内容。在实际操作中，读者还需要注意以下内容。

（1）单元格中可以存放各种格式的数据，Excel 2016 中常见的数据格式有以下几种。

- 常规格式：该格式是不包含特定格式的数据格式，是 Excel 2016 中默认的数据格式。
- 数值格式：该格式主要用于设置小数位数，还可以使用千位分隔符。默认对齐方式为右对齐。
- 货币格式：该格式主要用于设置货币的形式，包括货币类型和小数位数。
- 会计专用格式：该格式主要用于设置货币的形式，包括货币类型和小数位数。该格式与货币格式的区别是，货币格式用于表示一般货币数据，会计专用格式可以对一列数值进行小数点对齐。
- 日期和时间格式：该格式用于设置日期和时间的形式，可以用其他的日期和时间格式显示数字。
- 百分比格式：将单元格中数字的格式转换为百分比格式时，Excel 2016 会自动在转换后的数字后添加"%"。
- 科学记数格式：当输入比较大的数值时，自动采用科学记数法显示。
- 分数格式：使用此格式后可以以实际分数的形式显示或输入数字。如在没有使用分数格式的单元格中输入"3/4"，它在单元格中将显示为"3 月 4 日"，即日期。要使它显示为分数，可以先使用分数格式，再输入相应的数字。
- 文本格式：文本格式包含字母、数字和符号等，在使用文本格式的单元格中，数字作为文本处理，单元格中显示的内容与输入的内容完全一致。
- 特殊格式：该格式包括邮政编码、中文大小写数字及大写的人民币金额。
- 自定义格式：当基本格式不能满足用户要求时，用户可以设置自定义格式。如本任务中的员工工号，设置自定义格式既可以简化输入的过程，又能保证位数的一致。

（2）Excel 2016 的"数据验证"功能中还提供了"圈释无效数据"功能，可以帮助用户查看错误数据。以本任务中的"身份证号码"列为例，使用该功能的操作方法如下。

① 选择设置了"数据验证"的单元格区域 G3:G12，切换到"数据"选项卡，单击"数据验证"右侧的

下拉按钮，从弹出的下拉列表中选择"圈释无效数据"选项，如图 6-29 所示。

图6-29 "圈释无效数据"选项

② 当身份证号码位数错误时，错误数据被圈出，用户将错误数据修改正确即可。

6.4　经验技巧

6.4.1　插入千分号

千分号（‰）是在表示银行的存、贷款利率或财务报表的各种财务指标中经常用到的符号，在单元格的格式设置中并没有这个符号，我们可以通过插入特殊符号的方式插入这个符号，操作步骤如下。

（1）将光标定位到需要插入千分号的位置。

（2）切换到"插入"选项卡，单击"符号"功能组中的"符号"按钮，打开"符号"对话框，在"字体"下拉列表中选择"(普通文本)"选项、在"子集"下拉列表中选择"广义标点"选项，如图 6-30 所示。在显示的列表框中找到"‰"，单击"插入"按钮，即可完成千分号的插入。需要注意的是，插入的千分号只用于显示，不可用于计算。

图6-30 "符号"对话框

6.4.2　快速输入性别

在输入员工信息时，对于"性别"列，如果用数字"0""1"来代替汉字"女""男"，可使输入的速度大大加快，在格式代码中使用条件判断，可实现根据单元格的内容显示不同的性别。以本任务中的"性别"

列为例，可进行如下的操作。

（1）选择单元格区域 C3:C12，打开"设置单元格格式"对话框，选择"数字"选项卡，在"分类"列表框中选择"自定义"选项，在"类型"下方的文本框中输入图 6-31 所示的格式代码。

图6-31　自定义格式代码

（2）单击"确定"按钮，返回工作表，在所选单元格区域中输入"0"或"1"，即可实现性别的快速输入。代码中的符号均为英文状态下的符号。

在 Excel 2016 中，对单元格设置格式代码需要注意以下几点。

（1）自定义格式代码中最多只有 3 个数字字段，且只能在前两个数字字段中包括 2 个条件，满足某个条件的数字字段使用相应字段中指定的格式，其余数字字段使用第 3 字段格式。

（2）条件要放到方括号中，必须进行简单比较。

（3）创建条件格式时可以使用 6 种逻辑符号来设计条件格式，分别是大于（>）、大于或等于（>=）、小于（<）、小于或等于（<=）、等于（=）、不等于（<>）。

（4）代码" [=0]"女";[=1]"男""解析：代码表示若单元格的值为 0，则显示"女"，若单元格的值为 1，则显示"男"。

微课

设置条件格式

6.4.3　查找自定义格式单元格中的内容

自定义格式只改变了数据的外观，并不改变数据的值。在查找自定义格式单元格中的内容时，以员工信息表为例，可进行如下的操作。

（1）切换到"开始"选项卡，在"编辑"功能组中单击"查找和选择"下拉按钮，从弹出的下拉列表中选择"查找"选项，打开"查找和替换"对话框。

（2）在"查找内容"后的文本框中输入"2"，单击"选项"按钮。在"查找范围"下拉列表中选择"公式"选项，勾选"单元格匹配"复选框，如图 6-32 所示。

（3）单击"查找全部"按钮，即可查找到员工工号"2024002"所在的 A4 单元格。

图6-32　"查找和替换"对话框

6.5　AI 加油站：应用办公小浣熊

6.5.1　认识办公小浣熊

　　办公小浣熊是一款新型数据分析工具。它支持广泛的文件格式，无论文件是 XLS、XLSX、CSV、TXT 还是 JSON 等格式，用户只需输入文本描述的需求，它就可以对单个表格或多个表格（包括多个 Sheet）进行数据分析。

6.5.2　体验办公小浣熊

　　在百度搜索"办公小浣熊"并进入其官网，使用手机号验证登录后的页面如图 6-33 所示。

图6-33　办公小浣熊的官网页面

　　拖曳 6.2 节制作的"员工信息表.xlsx"文件到图 6-33 左侧的虚线圆角框中，"员工信息表.xlsx"此时会呈现在页面中，如图 6-34 所示。

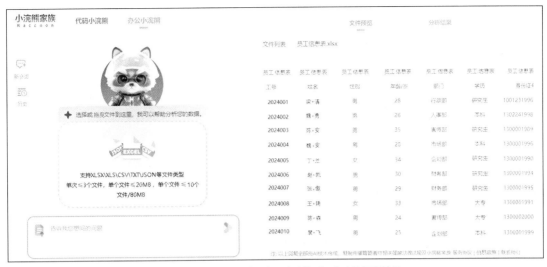

图6-34　拖曳工作表进入办公小浣熊后工作表的呈现效果

在图 6-34 左侧文本框（"告诉我您想问的问题"文本框）中输入"不同学历的员工人数"，然后单击"确定"按钮，办公小浣熊对数据进行智能分析，分析后的结果如图 6-35 所示。

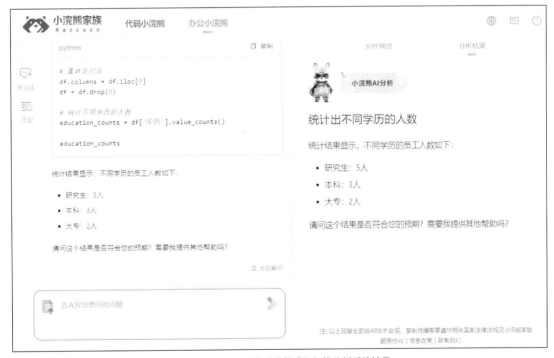

图6-35　办公小浣熊对数据进行智能分析后的结果

6.6　拓展训练

某电器公司为了统计 2024 年的电器销售情况，需要制作一个销售业绩表（效果如图 6-36 所示），具体要求如下。

（1）根据图 6-36 所示的效果，新建工作簿文件"销售业绩表.xlsx"，将 Sheet1 工作表重命名为"销售业绩统计"，并向工作表中添加表格的标题和表头。

（2）根据图 6-36 所示的效果，自动填充"序号"列，向"姓名""电器名称"列添加文本内容。

（3）设置"工号"列的数据格式为文本格式，自定义工号格式。

（4）向"金额"列添加数据，并根据图 6-36 所示的效果设置数据格式，保留两位小数，设置千分位分隔符。

（5）添加"销售地区"列数据。

（6）向"日期"列添加数据，并设置日期格式。

（7）设置"销售方式"列数据为序列，序列内容为"代理"和"直销"两种。

（8）为表格添加边框，设置字体、字号，调整表格的行高和列宽。

图6-36　销售业绩表效果

任务 7

制作业务奖金表

7.1 任务简介

7.1.1 任务要求与效果展示

阿文是某食品贸易公司的业务部助理，该公司为了激发员工积极性，现要求阿文根据销售业务情况制作业务奖金表，以便对员工进行奖励。制作业务奖金表的要求如下。

- 根据产品代码统计各笔订单的订单金额。
- 根据订单编号统计员工的订单金额。
- 新建业务奖金表，统计每位员工的业务总金额。
- 根据每位员工的业务总金额，对员工进行排名。
- 结合奖金标准，计算每位员工应得的奖金金额。

根据以上要求，阿文利用 Excel 2016 中的公式和常用函数很快完成了统计工作。效果如图 7-1 所示。

序号	员工昵称	业务总金额	排名	奖金金额
1	VINET	¥1,607.60	54	¥300.00
2	TOMSP	¥3,446.36	44	¥300.00
3	HANAR	¥5,694.16	34	¥300.00
4	VICTE	¥7,008.34	27	¥300.00
5	SUPRD	¥15,530.75	9	¥1,000.00
6	CHOPS	¥4,406.98	39	¥300.00
7	RICSU	¥7,561.55	25	¥300.00
8	WELLI	¥2,925.30	49	¥300.00
9	HILAA	¥11,282.40	17	¥1,000.00
10	ERNSH	¥41,489.27	2	¥3,000.00
11	CENTC	¥126.00	81	¥300.00
12	OTTIK	¥6,356.45	31	¥300.00
13	QUEDE	¥4,568.32	38	¥300.00
14	RATTC	¥33,183.73	3	¥3,000.00
15	FOLKO	¥8,950.21	22	¥300.00
16	BLONP	¥20,158.06	6	¥1,000.00
17	WARTH	¥13,999.90	13	¥1,000.00
18	FRANK	¥15,153.55	11	¥1,000.00
19	GROSR	¥1,377.10	58	¥300.00

订单明细　订单信息　产品信息　业务奖金

图7-1　业务奖金表效果

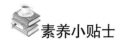素养小贴士

按劳分配

我国《宪法》第 6 条规定"国家在社会主义初级阶段，坚持公有制为主体、多种所有制经济共同发展的基本经济制度，坚持按劳分配为主体、多种分配方式并存的分配制度。"

7.1.2　任务目标

知识目标：

- ➢ 了解公式的作用；
- ➢ 了解函数的作用。

技能目标：

- ➢ 掌握公式的输入与编辑方法；
- ➢ 掌握单元格的相对引用与绝对引用方法；
- ➢ 掌握常见函数的使用方法。

素养目标：

- ➢ 加强创新创业意识；
- ➢ 培养敬业、乐业的工作作风与质量意识。

7.2　任务实施

7.2.1　定义名称

名称是一类较为特殊的公式，多数名称由用户预先自行定义。它以等号"="开头，可以由字符串、常量数组、单元格引用、函数与公式等元素组成，已定义的名称可以在其他名称或公式中调用。名称可以通过模块化的调用使公式变得更加简洁。

本任务中由于产品信息表中的数据将被多次引用，可使用名称快速进行区域定位，操作步骤如下。

（1）打开"素材"文件夹中的工作簿文件"2024 年业务数据表"，切换到产品信息表，选中单元格区域 A1:D78。

（2）切换到"公式"选项卡，在"定义的名称"功能组中单击"定义名称"按钮，如图 7-2 所示。打开"新建名称"对话框。

（3）在"名称"后的文本框中输入"产品信息"，保持其他默认参数不变，如图 7-3 所示。单击"确定"按钮，完成名称的定义。

图7-2　"定义名称"按钮

图7-3　"新建名称"对话框

7.2.2 统计订单明细

微课

统计订单明细

在订单明细表中，需要根据"产品代码"结合产品信息表中的数据统计出每笔订单的"产品名称""产品类别""单价"，之后根据"数量"与"折扣"得到每笔订单的金额。此操作需要用到 VLOOKUP（垂直查询）函数。

VLOOKUP 函数的功能：进行列查找，并返回当前行中指定的列的值。

VLOOKUP 函数的语法格式：VLOOKUP(lookup_value,table_array,col_index_num,range_lookup)。

VLOOKUP 函数的参数说明如下。

- lookup_value：需要在工作表第 1 列中进行查找的值，该值可以为数值、引用或文本字符串，若 lookup_value 小于 table_array 第 1 列中的最小值，函数返回错误值"#N/A"。

- table_array：需要在其中查找值的工作表，可以使用对区域或区域名称的引用。

- col_index_num：table_array 中查找值的列序号。col_index_num 为 1 时，返回 table_array 第 1 列中的值，col_index_num 为 2 时，返回 table_array 第 2 列中的值，以此类推。如果 col_index_num 小于 1，函数返回错误值"#VALUE!"；如果 col_index_num 大于 table_array 的列数，函数返回错误值"#REF!"。

- range_lookup：逻辑值，指明 VLOOKUP 函数查找的是精确匹配值还是近似匹配值。如果 range_lookup 为 FALSE（或为 0），函数将查找精确匹配值，如果找不到，则返回错误值"#N/A"。如果 range_lookup 为 TRUE（或为 1），函数将查找近似匹配值，也就是说，如果找不到精确匹配值，则返回小于 lookup_value 的最大值。需要注意的是 VLOOKUP 函数在查找近似匹配值时的查找规则是从第 1 个值开始匹配，没有匹配到一样的值就继续与下一个值进行匹配，直到匹配到大于查找值的值，此时返回上一个值（查找近似匹配值时应对查找值所在列进行升序排列）。如果省略 range_lookup，则其值默认为 1。

本任务中使用 VLOOKUP 函数的操作步骤如下。

（1）单击"订单明细"工作表标签，选择单元格 C2，在"公式"选项卡中单击"函数库"功能组的"插入函数"按钮，如图 7-4 所示。弹出"插入函数"对话框。

图7-4 "函数库"功能组

（2）在"搜索函数"文本框中输入"vlookup"，单击"转到"按钮，在"选择函数"列表框中即可显示出 VLOOKUP 函数，如图 7-5 所示。单击"确定"按钮，弹出"函数参数"对话框。

（3）将光标置于"Lookup_value"后的参数框中，单击单元格 B2，此时 B2 单元格的名称显示在"Lookup_value"后的参数框中；将光标置于"Table_array"后的参数框中，输入自定义的名称"产品信息"；在"Col_index_num"后的参数框中输入"2"；在"Range_lookup"后的参数框中输入"FALSE"，如图 7-6 所示。单击"确定"按钮，即可完成产品代码"17"所对应的产品名称的计算。

（4）利用填充句柄向下自动填充到 C907。

（5）选择单元格 D2，在其中输入公式"=VLOOKUP(B2,产品信息,3,FALSE)"，按<Enter>键结束输入，利用填充句柄向下自动填充到 D907。

（6）选择单元格 E2，在其中输入公式"=VLOOKUP(B2,产品信息,4,FALSE)"，按<Enter>键结束输入，利用填充句柄向下自动填充到 E907。

（7）选择单元格 H2，在其中输入公式"=E2*F2*(1-G2)"，按<Enter>键结束输入，利用填充句柄向下自动填充到 H907。

图7-5 "插入函数"对话框

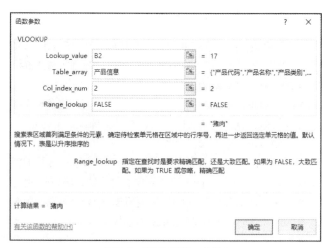

图7-6 "函数参数"对话框

（8）选择 E 列和 H 列单元格区域，切换到"开始"选项卡，在"数字"功能组中单击"数字格式"下拉按钮，从弹出的下拉列表中选择"货币"选项。至此，订单明细表制作完成，如图 7-7 所示。

	A	B	C	D	E	F	G	H
1	订单编号	产品代码	产品名称	产品类别	单价	数量	折扣	金额
2	10248	17	猪肉	肉/家禽	¥39.00	12	0	¥468.00
3	10248	42	糙米	谷类/麦片	¥14.00	10	0	¥140.00
4	10248	72	酸奶酪	牛奶发酵制品	¥34.80	5	0	¥174.00
5	10249	14	沙茶	调味品	¥23.25	9	0	¥209.25
6	10249	51	猪肉干	加工肉制品	¥53.00	40	0	¥2,120.00
7	10250	41	虾子	海鲜	¥9.65	10	0	¥96.50
8	10250	51	猪肉干	加工肉制品	¥53.00	35	0.15	¥1,576.75
9	10250	65	海苔酱	调味品	¥21.05	15	0.15	¥268.39
10	10251	22	糯米	谷类/麦片	¥21.00	6	0.05	¥119.70
11	10251	57	小米	谷类/麦片	¥19.50	15	0.05	¥277.88
12	10251	65	海苔酱	调味品	¥21.05	20	0	¥421.00
13	10252	20	桂花糕	点心	¥81.00	40	0.05	¥3,078.00
14	10252	33	浪花奶酪	牛奶发酵制品	¥2.50	25	0.05	¥59.38
15	10252	60	花奶酪	牛奶发酵制品	¥34.00	40	0	¥1,360.00
16	10253	31	温馨奶酪	牛奶发酵制品	¥12.50	20	0	¥250.00
17	10253	39	运动饮料	饮料	¥18.00	42	0	¥756.00

订单明细 订单信息 产品信息

图7-7 订单明细表制作完成效果（部分）

7.2.3 利用 SUMIF 函数统计员工的订单金额

员工的订单金额存在于订单信息表中，从此表可以看出，每个订单编号对应一位员工，对于员工的订单金额需要通过订单编号从订单明细表中得到，在订单明细表中一个订单编号对应多条数据。此时需要用到 SUMIF 函数实现此操作。

SUMIF 函数的功能：对满足条件的单元格求和。

SUMIF 函数的语法格式：SUMIF(range,criteria,sum_range)。

SUMIF 函数的参数说明如下。

微课

利用SUMIF 函数统计员工的订单金额

● range：用于条件计算的单元格区域，每个区域中的单元格的内容都必须是数字或名称、数组或包含数字的引用，空值和文本值将被忽略。

- criteria：用于确定对哪些单元格求和的条件，其形式可以为数字、表达式、单元格引用、文本或函数。
- sum_range：求和的实际单元格，如果它被省略，Excel 2016 会对在 range 参数中指定的单元格（即应用条件单元格）求和。

本任务中使用 SUMIF 函数的操作步骤如下。

（1）单击"订单信息"工作表标签，选择单元格 E2。

（2）打开"插入函数"对话框，选择"SUMIF"，弹出"函数参数"对话框。

（3）将光标定位于"Range"后的参数框中，之后选择订单明细表中的单元格区域 A2:A907，将参数框中显示的区域"订单明细!$A$2:$A$907"选中，按<F4>快捷键，更改其引用方式为绝对引用；将光标定位于"Criteria"后的参数框中，之后选择订单信息表的单元格 A2；将光标定位于"Sum_range"后的参数框中，之后选择订单明细表中的单元格区域 H2:H907，更改其引用方式为绝对引用，如图 7-8 所示。

图7-8　"函数参数"对话框

（4）单击"确定"按钮，关闭对话框，完成订单编号为"10248"的订单的订单金额计算，利用填充句柄，计算出所有订单的订单金额。设置"订单金额"列的数据格式为货币格式。效果如图 7-9 所示。

	A	B	C	D	E
1	订单编号	员工昵称	订货日期	发货日期	订单金额
2	10248	VINET	2024/1/1	2024/1/13	¥782.00
3	10249	TOMSP	2024/1/2	2024/1/7	¥2,329.25
4	10250	HANAR	2024/1/5	2024/1/9	¥1,941.64
5	10251	VICTE	2024/1/5	2024/1/12	¥818.58
6	10252	SUPRD	2024/1/6	2024/1/8	¥4,497.38
7	10253	HANAR	2024/1/7	2024/1/13	¥1,806.00
8	10254	CHOPS	2024/1/8	2024/1/20	¥695.78
9	10255	RICSU	2024/1/9	2024/1/12	¥3,115.75
10	10256	WELLI	2024/1/12	2024/1/14	¥648.00
11	10257	HILAA	2024/1/13	2024/1/19	¥1,400.50
12	10258	ERNSH	2024/1/14	2024/1/20	¥2,023.80
13	10259	CENTC	2024/1/15	2024/1/22	¥126.00
14	10260	OTTIK	2024/1/16	2024/1/26	¥1,881.68
15	10261	QUEDE	2024/1/16	2024/1/27	¥560.00
16	10262	RATTC	2024/1/19	2024/1/22	¥730.96

订单明细　订单信息　产品信息

图7-9　订单信息表制作完成效果（部分）

7.2.4　统计业务奖金与排名

微课

统计业务奖金
与排名

业务奖金表中包含员工的员工昵称、业务总金额、排名与奖金金额等。此时需要新建一个工作表，业务总金额需要通过订单信息表利用 SUMIF 函数得到，根据员工的业务情况利用 RANK 函数进行排名，之后利用 IF 函数根据业务总金额得到员工的奖金金额。

制作业务奖金表的操作步骤如下。

（1）单击"产品信息"工作表标签右侧的"新工作表"按钮⊕，新建一个名为"Sheet1"的工作表，将其重命名为"业务奖金"。

（2）在业务奖金表的单元格 A1 中输入"业务奖金表"，在单元格区域 A2:E2 中依次输入"序号""员工昵称""业务总金额""排名""奖金金额"。

（3）将订单信息表中的单元格区域 B2:B342 的数据复制并粘贴到业务奖金表的 B3:B343 单元格区域中。

（4）选择业务奖金表的单元格区域 B3:B343，切换到"数据"选项卡，在"数据工具"功能组中单击"删除重复项"按钮，如图 7-10 所示。弹出"删除重复项"对话框，勾选对话框中的"员工昵称"复选框，取消勾选其他复选框，如图 7-11 所示。单击"确定"按钮，弹出"Microsoft Excel"提示框，如图 7-12 所示。单击"确定"按钮，完成"员工昵称"列的添加。

图7-10　"删除重复项"按钮

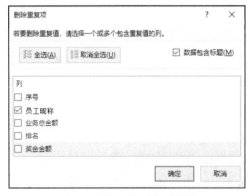

图7-11　"删除重复项"对话框

图7-12　"Microsoft Excel"提示框

（5）选择单元格 A3，在其中输入"1"，利用填充句柄完成"序号"列的自动添加。

（6）选择单元格 C3，在其中输入公式"=SUMIF(订单信息!$B$2:$B$342,B3,订单信息!$E$2:$E$342)"，按<Enter>键，计算出员工昵称为"VINET"的员工的业务总金额。

（7）利用填充句柄，计算出所有员工的业务总金额。

统计完成每位员工的业务总金额后，需要统计员工的排名情况，此时需要用到 RANK 函数。

RANK 函数的功能：返回某个数字在一列数字中相对于其他数字的大小排名。

RANK 函数的语法格式：RANK(number,ref,order)。

RANK 函数的参数说明：number 是需要查找排名的数字；ref 是包含一组数字的数组或对数字列表的引用（其中的非数值型数据参数将被忽略）；order 用于指明数字排序的方式，如果 order 为 0 或被忽略，则按降序排列的数据清单进行排序，如果 order 不为 0，则按升序排列的数据清单进行排序。

需要注意的是，RANK 函数对重复数字的排序相同，但重复数字的存在将影响后续数字的排序。

本任务利用 RANK 函数统计排名的操作步骤如下。

（1）选择单元格 D3，打开"插入函数"对话框。

（2）在"选择函数"的列表框中选择"RANK"选项，单击"确定"按钮，弹出"函数参数"对话框。

（3）在"Number"后的参数框中输入"C3"，将光标定位到"Ref"后的参数框中，选择单元格区域 C3:C85，按<F4>快捷键更改其引用方式为绝对引用，在"Order"后的参数框中输入"0"，如图 7-13 所示。单击"确定"按钮，完成第 1 位员工的排名计算。

图7-13　"函数参数"对话框

（4）利用填充句柄，计算出所有员工的排名。

销售部的奖励制度：业务总金额在 5 万元及以上的员工的奖金金额为 5000 元，业务总金额在 5 万元以下 3 万元及以上的员工的奖金金额为 3000 元，业务总金额在 3 万元以下 1 万元及以上的员工的奖金金额为 1000 元，业务总金额在 1 万元以下的员工的奖金金额为 300 元。在计算出员工业务总金额的基础上，利用 IF 函数可以实现此项操作。

IF 函数的功能：判断是否满足条件，根据判断结果为 TRUE 或 FALSE 返回不同的结果。

IF 函数的语法格式：if(logical_test,value_if_true,value_if_false)。

IF 函数的参数说明：logical_test 是判断结果可能为 TRUE 或 FALSE 的任意值或表达式；value_if_true 是 logical_test 参数的判断结果为 TRUE 时所要返回的值；value_if_false 是 logical_test 参数的判断结果为 FALSE 时所要返回的值。

本任务中使用 IF 函数的操作步骤如下。

（1）选择单元格 E3，并在其中输入公式"=if(C3>=50000,5000,if(C3>=30000,3000,if(C3>=10000,1000,300)))"，按<Enter>键即可看到序号为"1"的员工的奖金金额。

（2）利用填充句柄计算出所有员工的奖金金额。

注意：因奖金金额的判断条件较多，公式"=if(C3>=50000,5000,if(C3>=30000,3000,if(C3>=10000,1000, 300)))"在使用 IF 函数时用到了函数的嵌套，第 1 个 if 函数判断业务总金额是否大于等于 50000 元，如果是，则返回"5000"，否则继续判断；第 2 个 if 函数判断业务总金额是否大于等于 30000 元，如果是，则返回"3000"，否则继续判断；第 3 个 if 函数判断业务总金额是否大于等于 10000 元，如果是，则返回"1000"，否则返回"300"。

（3）选择单元格区域 A1:E1，切换到"开始"选项卡，在"对齐方式"功能组中单击"合并后居中"按钮。

（4）选择单元格 A1，在"字体"功能组中设置字体为"黑体"，字号为"14"，加粗。

（5）选择单元格区域 A2:E85，在"字体"功能组中设置字体为"宋体"，字号为"12"，居中。单击"边框"下拉按钮，从弹出的下拉列表中选择"所有框线"选项，为所选区域添加边框。

（6）选择"文件"→"保存"命令，保存工作簿文件，任务完成。

7.3 任务小结

本任务通过业务奖金表的制作讲解了 Excel 2016 中公式和函数的使用、单元格的引用、函数的嵌套使用等内容。在实际操作中读者还需要注意以下内容。

（1）当公式中引用了自身所在的单元格时，不论该引用是直接引用还是间接引用，都称为循环引用。如在单元格 A2 中输入公式"=1+A2"，由于公式出现在单元格 A2 中，相当于单元格 A2 引用了单元格 A2，此时就产生了循环引用，公式输入完成，按<Enter>键后，系统将弹出图 7-14 所示的提示框。单击"确定"按钮，将会定位循环引用；单击"帮助"按钮，可查看循环引用的更多信息。

图7-14 循环引用后的提示框

若必须使用循环引用，且需要得到正确的结果，需要启用迭代计算。例如，在单元格 A3 中输入公式"=A1+A2"，在单元格 A1 中输入数据"1"，在单元格 A2 中输入公式"=A3*2"，这样单元格 A2 的值依赖于单元格 A3，而单元格 A3 的值依赖于单元格 A2，形成了间接的循环引用。此时可进行如下操作。

① 新建一个空白工作簿，选择"文件"→"选项"命令，打开"Excel 选项"对话框。

② 单击"公式"选项，在"计算选项"栏中勾选"启用迭代计算"复选框，如图 7-15 所示。

图7-15 "Excel 选项"对话框

③ 单击"确定"按钮，完成循环引用的设置。

（2）由于 Excel 2016 内置的函数太多，用户可能无法将它们一一掌握，此时可以利用 Excel 2016 内置的帮助系统。利用该系统，用户可以解决在使用 Excel 2016 过程中所遇到的各种问题，包括 Excel 2016 的新技术、函数说明及应用等。利用 Excel 2016 的帮助系统，操作如下。

① 打开工作簿窗口，按<F1>键，打开"Excel 2016 帮助"窗口，如图 7-16 所示。

图7-16　"Excel 2016帮助"窗口

② 在搜索框中输入关键字"RANK 函数"，单击"搜索"按钮 🔍。即可在窗口中显示与"RANK 函数"相关的内容。

③ 单击"RANK 函数-Microsoft 支持"超链接，如图 7-17 所示。即可在窗口中看到 RANK 函数的说明、参数含义等内容，如图 7-18 所示。

图7-17　"RANK函数-Microsoft支持"超链接

图7-18　RANK函数的信息

（3）常见日期与时间函数如下。

- TODAY：一般格式是 TODAY()，功能是返回当前的日期。该函数没有参数。
- NOW：一般格式是 NOW()，功能是返回当前的日期和时间。该函数没有参数。
- YEAR：一般格式是 YEAR(serial-number)，功能是返回某日期对应的年份。serial-number 为一个日期值，其中包含需要查找年份的日期。
- MONTH：一般格式是 MONTH(serial-number)，功能是返回某日期对应的月份。
- DAY：一般格式是 DAY(serial-number)，功能是返回某日期对应当月的天数。
- WEEKDAY：一般格式是 WEEKDAY(serial-number,return_type)，功能是返回某日为星期几。serial-number 为必需的参数，表示指定的日期或引用含有日期的单元格；return_type 为可选参数，表示返回值类型。其值为 1 或被省略时，返回数字 1（星期日）到数字 7（星期六）；其值为 2 时，返回数字 1（星期一）到数字 7（星期日）；其值为 3 时，返回数字 0（星期一）到数字 6（星期日）。

7.4　经验技巧

7.4.1　巧用剪贴板

Office 2016 剪贴板是内存中的一块区域，能够暂存文档或其他程序复制的多个文本和图形项目，并将其粘贴到另一个文档中。通过使用剪贴板，用户可以在文档中根据需要排列所复制的项目。

Office 2016 剪贴板使用标准的"复制"和"粘贴"命令。使用"复制"命令将项目复制到剪贴板中（即将其添加到项目集合中），然后就可以随时将其从剪贴板粘贴到任何文档中。复制的项目将保留在剪贴板中，直到退出所有 Office 2016 程序或从剪贴板任务窗格中将其删除。

在日常的工作中，复制和粘贴是最为频繁的操作，经常会出现需要多次复制和粘贴多个文本或图片的情况。如果文本或图片放在不同的文件中，需要每次都到不同的文件中将其复制和粘贴，会花费很多时间，降低工作效率。此时，利用剪贴板可以很好地解决此问题，操作如下。

（1）在打开的工作簿文件中，切换到"开始"选项卡，单击"剪贴板"功能组右下角的"对话框启动器"按钮，打开"剪贴板"窗格，如图 7-19 所示。

（2）右击需要粘贴的项目，在弹出的快捷菜单中选择"粘贴"命令，如图 7-20 所示，即可快速粘贴该项目。

图7-19　"剪贴板"窗格

图7-20　"粘贴"命令

需要注意以下事项。

● 剪贴板中可容纳的项目最多为 24 个，若超出此限制，则按复制时间的先后次序依次将先复制的项目替换为后复制的项目。

● 单击"选项"下拉按钮，可通过弹出的快捷菜单中的"按 Ctrl+C 两次后显示 Office 剪贴板"命令，快速调出 Office 2016 剪贴板窗口。

7.4.2　使用公式求值分步检查

Excel 2016 公式的运用无处不在，当对公式计算结果产生怀疑，想查看指定单元格中公式的计算过程与结果时，可使用 Excel 2016 提供的公式求值功能，使用该功能可大大提高检查错误公式的效率。以业务奖金表为例，可进行如下的操作。

（1）切换到业务奖金表，选择单元格 E3。

（2）切换到"公式"选项卡，在"公式审核"功能组中单击"公式求值"按钮，如图 7-21 所示。打开"公式求值"对话框，如图 7-22 所示。

图7-21　"公式求值"按钮

（3）单击"求值"按钮，可看到"C3"的值，如图 7-23 所示。

图7-22　"公式求值"对话框

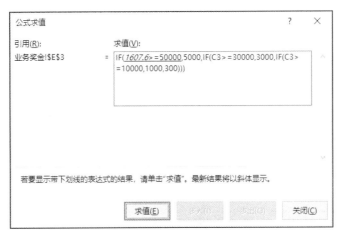

图7-23　C3单元格求值结果

（4）继续单击"求值"按钮，最后可在对话框中看到公式计算的最后结果，如图 7-24 所示。单击"重新启动"按钮，可重新进行分步计算。

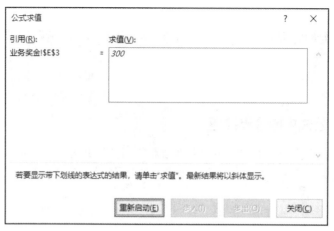

图7-24　公式最后结果

7.5　AI 加油站：应用酷表 ChatExcel

7.5.1　认识酷表 ChatExcel

酷表 ChatExcel 是一款可以聊天的表格制作软件。酷表 ChatExcel 搭载了智能 AI 系统，用户可以直接输入需求，表格会像对话一样自动帮助用户完成想要的工作。

微课

体验酷表 ChatExcel

7.5.2　体验酷表 ChatExcel

在百度搜索"酷表 ChatExcel"并进入其官网，单击"现在开始"按钮，开启酷表 ChatExcel 的体验之旅，上传 6.2 节制作的"员工信息表.xls"表格，页面如图 7-25 所示。

图7-25　酷表ChatExcel的网站页面

在图 7-25 下方的"请输入查询语句"文本框中输入"统计工资大于 8000 元的员工信息"，然后，单击"执行"按钮，页面如图 7-26 所示。

图7-26　酷表ChatExcel的数据分析结果

在图 7-26 下方的"请输入查询语句"文本框中输入"统计工资大于 8000 元的员工的平均工资",然后单击"执行"按钮,结果如图 7-27 所示。

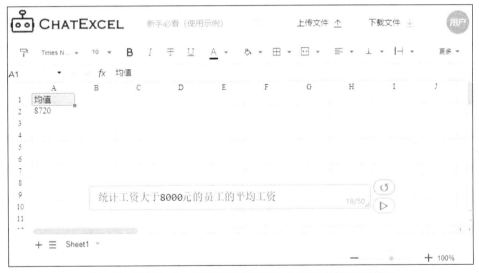

图7-27　酷表ChatExcel在刚刚统计的基础上进行新的数据分析的结果

7.6　拓展训练

王明是某在线业务数码产品公司的管理人员,他在年初随机抽取了 100 名网站注册会员,准备使用 Excel 2016 分析他们 2024 年的消费情况(效果如图 7-28、图 7-29 所示),请根据"素材"文件夹中的"Excel.xlsx"进行操作,具体要求如下。

(1)将顾客资料表中单元格区域 A1:F101 转换为表,将表的名称修改为"顾客资料",并取消隔行的底纹效果。

(2)将顾客资料表 B 列中所有的"M"替换为"男",所有的"F"替换为"女"。

(3)修改顾客资料表 C 列中的日期格式,要求格式如"80 年 5 月 9 日"(年份只显示后两位)。

（4）在顾客资料表的 D 列中，计算每名顾客在 2024 年 1 月 1 日的年龄，计算规则为每到下一个生日，计 1 岁。

（5）在顾客资料表的 E 列中，计算每名顾客在 2024 年 1 月 1 日所处的年龄段，年龄段的划分标准位于按年龄和性别表的 A 列中。

（6）在顾客资料表的 F 列中，计算每名顾客的 2024 年的年消费金额，各季度的消费金额位于 2024 年消费表中，将 F 列的计算结果修改为货币格式，保留 0 位小数。

（7）在按年龄和性别表中，根据顾客资料表中已完成的数据，在 B 列、C 列和 D 列中分别计算各年龄段男顾客人数、女顾客人数、顾客总人数，并在表格底部进行求和汇总。

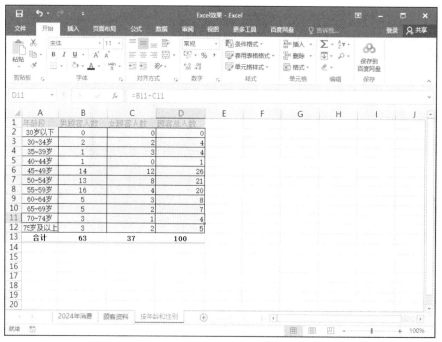

图7-28　顾客资料表效果（部分）

图7-29　在按年龄和性别表统计顾客人数后的效果

任务 8 制作销售分析图表

8.1 任务简介

8.1.1 任务要求与效果展示

某企业财务朱明正在对本公司近 3 年的银行流水账进行整理，现已完成 2022—2024 年的销售收入与毛利率的数据统计，他需要在这些数据统计的基础上制作一张销售分析图表，以展示近 3 年销售收入与毛利率之间的关系，效果如图 8-1 所示。

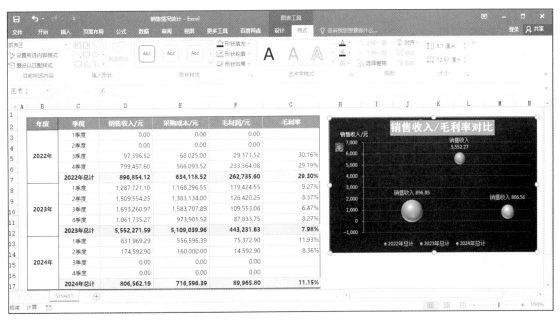

图8-1 销售分析图表效果

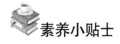素养小贴士

大力弘扬奋斗精神

奋斗是指付出艰辛努力，战胜各种困难，实现宏伟目标的过程。奋斗精神是自强不息、百折不挠的意志，是个人、组织、民族或国家维护权益和尊严、争取进步、实现目标的精神状态。奋斗精神是中国精神的核心内容，是中华优秀传统文化的重要组成部分，代表着我们这个民族最鲜明、最优秀的文化基因，孕育了以伟大建党精神为源头的中国共产党人精神谱系，激励着全体中华儿女凝心聚力为全面建设社会主义现代化国家、实现中华民族伟大复兴而努力奋斗。

8.1.2 任务目标

知识目标：
➢ 了解图表的分类；
➢ 了解图表的作用。

技能目标：
➢ 掌握图表的创建方法；
➢ 掌握图表元素的添加与格式设置方法；
➢ 掌握图表的美化方法。

素养目标：
➢ 树立敢于创造的思想观念；
➢ 培养追求进步的责任感与使命感。

8.2 任务实施

8.2.1 创建图表

微课

创建图表

在创建图表前，需要制作或打开一个需要创建图表的数据表格，然后选择合适的图表类型进行图表的创建。在本任务中，已有近 3 年的销售情况统计表，所以根据素材数据直接进行图表的创建即可，具体操作如下。

（1）打开"素材"文件夹中的工作簿文件"销售情况统计.xlsx"，切换到 Sheet1 工作表。

（2）选择 C7:D7、G7、C12:D12、G12、C17:D17、G17 单元格区域和单元格（注意：选择不连续的单元格区域，可以使用键盘上的<Ctrl>键）。

（3）切换到"插入"选项卡，单击"图表"功能组中右下角的"对话框启动器"按钮，弹出"插入图表"对话框，在"所有图表"选项卡中的左侧的列表框中选择"XY(散点图)"，选择最右侧的"三维气泡图"，如图 8-2 所示。

（4）单击"确定"按钮，即可在工作表中插入一个三维气泡图，如图 8-3 所示。

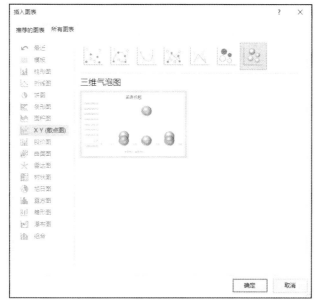

图8-2　"插入图表"对话框

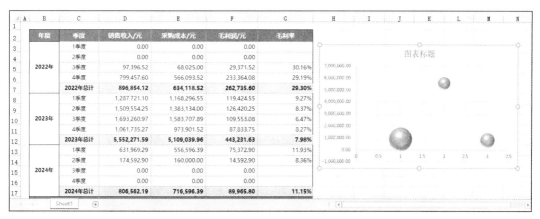

图8-3　插入三维气泡图

8.2.2　图表元素的添加与格式设置

一个专业的图表是由多个不同的图表元素组合而成的。用户在实际操作中经常需要对图表的各元素进行格式设置。根据图 8-1 所示的任务效果，我们逐一进行操作。

1. 设置图表标题

图表标题是图表的一个重要组成部分，通过图表标题，用户可以快速了解图表内容，设置图表标题的具体操作如下。

（1）选中图表，切换到"图表工具|设计"选项卡的"图表样式"功能组，如图 8-4 所示。在该功能组中单击"样式 7"选项，如图 8-4 所示。

微课

图表元素的添加与格式设置

图8-4　"图表样式"功能组

（2）单击"图表标题"占位符，修改其文本为"销售收入/毛利率对比"。

（3）再次单击"图表标题"占位符，切换到"开始"选项卡，在"字体"功能组中，设置图表标题文本的字体为"黑体"，字号为"18"，加粗。

（4）右击"图表标题"占位符，从弹出的快捷菜单中选择"设置图表标题格式"命令，如图8-5所示。打开"设置图表标题格式"窗格。

（5）在"填充"栏中选中"图案填充"单选按钮，在"图案"列表框中选择"50%"，如图8-6所示。

图8-5 "设置图表标题格式"命令

图8-6 "设置图表标题格式"窗格

（6）单击"设置图表标题格式"窗格的"关闭"按钮 ✕，返回工作表中，即可完成图表标题的格式设置。效果如图8-7所示。

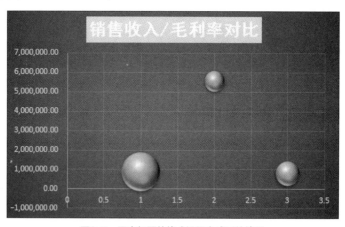

图8-7 图表标题的格式设置完成后的效果

2. 设置坐标轴

坐标轴是 Excel 2016 图表的基础元素，用于显示数据系列的横坐标和纵坐标。横坐标轴和纵坐标轴通常被称为水平分类轴和垂直系列轴，也被称为 x 轴和 y 轴。设置坐标轴的具体操作如下。

选中图表左侧的纵坐标轴，右击纵坐标轴，从弹出的快捷菜单中选择"设置坐标轴格式"命令，打开"设置坐标轴格式"窗格，在"坐标轴选项"栏中单击"显示单位"右侧的下拉按钮，选择弹出的下拉列表中的"千"选项，如图8-8所示。勾选"在图表上显示刻度单位标签"复选框。在"刻度线"栏中将"主要类型"

设置为"外部",在"数字"栏中将"小数位数"设置为"0",如图8-9所示。

图8-8 "显示单位"下拉列表　　　　　　　　图8-9 设置刻度线与数字

3. 设置数据标签

为了快速识别图表中的数据系列并清楚了解其具体数值,用户可以向图表的数据点添加数据标签。由于默认情况下图表中的数据标签并未显示,用户需手动将其添加到图表中,具体操作如下。

(1)使图表处于被选中的状态,切换到"图表工具|设计"选项卡,在"图表布局"功能组中单击"添加图表元素"下拉按钮,在弹出的下拉列表中选择"数据标签"→"其他数据标签选项"选项,如图 8-10所示。打开"设置数据标签格式"窗格。

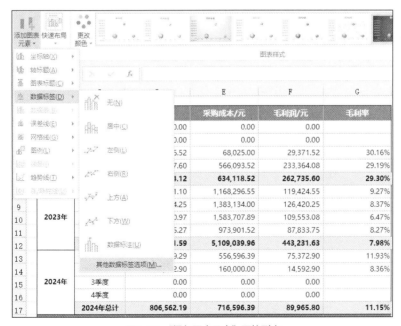

图8-10 "添加图表元素"下拉列表

(2)在"标签选项"栏中勾选"系列名称"和"Y 值"复选框,将"分隔符"设置为"(空格)",将"标签位置"设置为"靠上",如图8-11所示。

（3）切换到"图表工具|设计"选项卡，在"数据"功能组中单击"选择数据"按钮，弹出"选择数据源"对话框，如图 8-12 所示。单击"图例项(系列)"中的"编辑"按钮，弹出"编辑数据系列"对话框，将光标定位于"系列名称"下方的文本框中，单击单元格 D2，如图 8-13 所示。单击"确定"按钮，返回"选择数据源"对话框，单击"确定"按钮，关闭对话框。

图8-11　"设置数据标签格式"窗格

图8-12　"选择数据源"对话框

图8-13　"编辑数据系列"对话框

（4）单击"添加图表元素"下拉按钮，在弹出的下拉列表中取消选中"坐标轴"→"主要横坐标轴"选项。

（5）继续单击"添加图表元素"下拉按钮，在弹出的下拉列表中取消选中"网络线"→"主轴主要垂直网络线"选项。

（6）选中图表中的数据点，右击数据点，在弹出的快捷菜单中选择"设置数据系列格式"命令，打开"设置数据系列格式"窗格，切换到"填充"选项卡，在"填充"栏中勾选"依数据点着色"复选框，如图 8-14 所示。此时可更改数据点的默认颜色，如图 8-15 所示。

4. 设置图例

图例是图表的一个重要元素，它的存在保证了用户可以快速、准确地识别图表。用户不仅可以调整图例的位置，还可以对图例的格式进行修改。设置图例的具体操作如下。

选中图表，切换到"图表工具|设计"选项卡，在"图表布局"功能组中单击"添加图表元素"下拉按钮，从弹出的下拉列表中选择"图例"→"底部"选项，如图 8-16 所示。此时可快速完成图例的添加。

图8-14 "设置数据系列格式"窗格

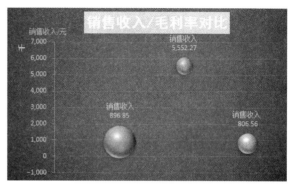

图8-15 设置数据系列后的图表

图8-16 设置图例位置

8.2.3 图表的美化

微课

图表的美化

为了让图表更加美观，可以设置图表格式，具体操作如下。

（1）右击图表纵坐标轴的显示单位标签"千"，在弹出的快捷菜单中选择"设置显示单位格式"命令，打开"设置显示刻度单位标签格式"窗格，在"填充"选项卡下的"填充"栏中选择"图片或纹理填充"，在"纹理"右侧的下拉列表中选择"绿色大理石"选项，如图 8-17 所示。切换到"文本选项/文本框"选项卡，在"文本框"栏中设置"文字方向"为"竖排"，如

图 8-18 所示。

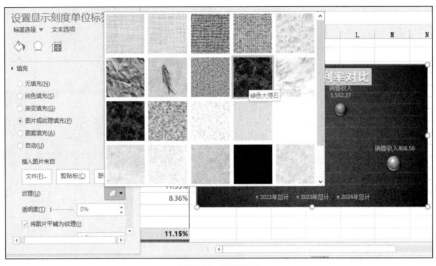

图8-17　设置纹理

（2）选中图片，切换到"图表工具|格式"选项卡，在"形状样式"功能组中单击"形状填充"下拉按钮，在弹出的下拉列表中选择"主题颜色"栏中的"黑色，文字 1"选项，如图 8-19 所示。

（3）调整图表大小与位置，保存工作簿，任务完成。

图8-18　设置文字方向

图8-19　设置形状填充

8.3　任务小结

本任务通过制作销售分析图表讲解了 Excel 2016 中图表的创建、图表的格式化等操作。在实际操作中，读者还需要注意以下内容。

（1）常用的图表类型

Excel 2016 中的图表类型包含 14 种标准类型和多种组合类型，制作图表时要选择适当的图表类型进行表达。下面介绍几种常用的图表类型。

① 柱形图。

柱形图是最常用的图表类型之一，主要用于表现数据之间的差异。在 Excel 2016 中，柱形图包括簇状柱形图、堆积柱形图、百分比堆积柱形图、三维簇状柱形图、三维堆积柱形图、三维百分比堆积柱形图、三维柱形图 7 种子类型。其中，簇状柱形图（见图 8-20）可比较多个类别的值，堆积柱形图（见图 8-21）可用于比较每个值对所有类别的总计贡献，百分比堆积柱形图和三维百分比堆积柱形图可以跨类别比较每个值占总体的百分比。

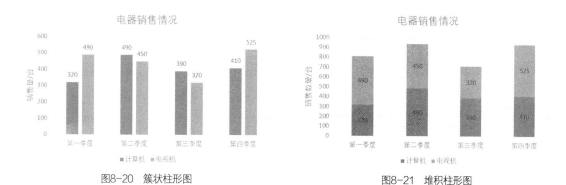

图8-20　簇状柱形图　　　　　　　图8-21　堆积柱形图

② 折线图。

折线图是最常用的图表类型之一，主要用于表现数据变化的趋势。在 Excel 2016 中，折线图的子类型也有 7 种，包括折线图、堆积折线图、百分比堆积折线图、带数据标记的折线图、带标记的堆积折线图、带数据标记的百分比堆积折线图、三维折线图。其中折线图（见图 8-22）可以显示随时间而变化的连续数据，因此非常适用于显示在相等时间间隔下的数据变化趋势。堆积折线图（见图 8-23）用于显示每个值所占大小随时间变化的趋势。

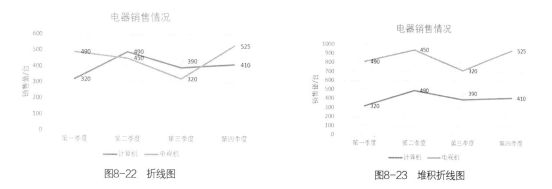

图8-22　折线图　　　　　　　　　图8-23　堆积折线图

③ 条形图。

将柱形图旋转 90°则变为条形图。条形图显示了各个项目之间的比较情况，当图表的轴标签过长或显示的数值是连续型数值时，一般使用条形图。在 Excel 2016 中，条形图的子类型有 6 种，包括簇状条形图、堆积条形图、百分比堆积条形图、三维簇状条形图、三维堆积条形图、三维百分比堆积条形图。其中簇状条形图（见图 8-24）可用于比较多个类别的值，堆积条形图（见图 8-25）可用于显示单个项目与总体的关系。

④ 饼图。

饼图是最常用的图表类型之一，主要用于强调总体与个体之间的关系，通常只用一个数据系列作为数据源。饼图将一个圆划分为若干个扇形，每一个扇形代表数据系列中的一个数据项，其大小用于表示相应数据点占该数据系列总和的比值。在 Excel 2016 中，饼图的子类型有 5 种，包括饼图（见图 8-26）、三维饼图、子母饼图、复合条饼图、圆环图。其中圆环图（见图 8-27）可以含有多个数据系列，圆环图中的每一个环都代表一个数据系列。

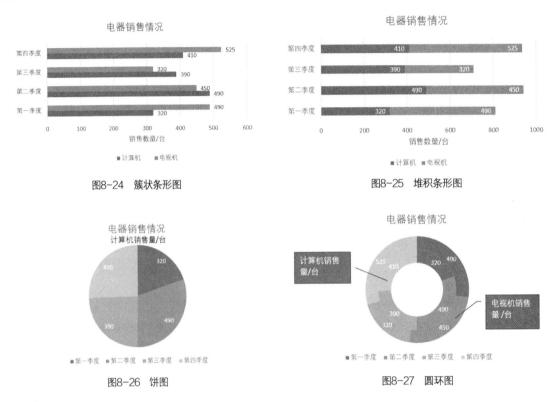

图8-24　簇状条形图　　　　　　　　　　图8-25　堆积条形图

图8-26　饼图　　　　　　　　　　　　　图8-27　圆环图

⑤ 面积图。

面积图用于显示不同数据系列之间的对比关系，显示各数据系列与整体的比例关系，强调数量随时间而变化的程度，能直观地表现出整体和部分的关系。在 Excel 2016 中，面积图的子类型有 6 种，包括面积图、堆积面积图、百分比堆积面积图、三维面积图、三维堆积面积图、三维百分比堆积面积图。其中，面积图（见图 8-28）用于显示各种数值随时间或类别变化的趋势线。堆积面积图（见图 8-29）用于显示每个数值所占大小随时间或类别变化的趋势线，可强调某个类别交于系列轴上的数值的趋势线。但是需要注意，在使用堆积面积图时，一个系列中的数据可能会被另一个系列中的数据遮盖。

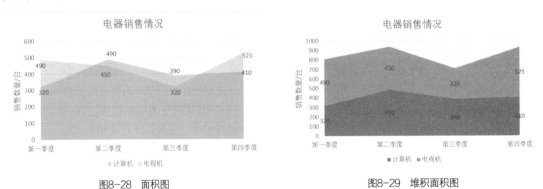

图8-28　面积图　　　　　　　　　　　　图8-29　堆积面积图

（2）图表的主要组成部分

Excel 2016 中的图表由图表区、绘图区、标题、图例、数据系列、坐标轴等组成部分构成，如图 8-30 所示。下面介绍图表的几个主要组成部分。

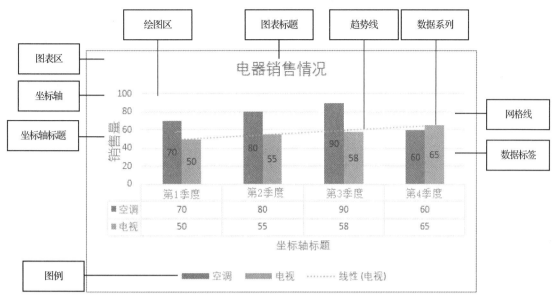

图8-30　图表的构成

① 图表区。

图表区是指图表的全部范围。选中图表区时，将显示图表边框以及用于调整图表大小的 8 个控制点。

② 绘图区。

绘图区是指图表区内的图形表示区域。选中绘图区时，将显示绘图区边框以及用于调整绘图区大小的 8 个控制点。

③ 标题。

标题包括图表标题和坐标轴标题。图表标题一般显示在绘图区上方，坐标轴标题显示在坐标轴外侧。

④ 数据系列。

数据系列是由数据点构成的，每个数据点对应工作表中某个单元格内的数据，数据系列对应工作表中的一行或一列数据。数据系列在绘图区中表现为彩色的点、线、面等图形。

⑤ 图例。

图例由图例项和图例项标识组成，包含图例的无边框矩形区域默认显示在绘图区下侧。

⑥ 坐标轴。

坐标轴按位置不同分为主坐标轴和次坐标轴。Excel 2016 默认显示的是绘图区左侧的主纵坐标轴和下侧的主横坐标轴。

对于图表的各基本组成部分的格式设置，均可通过右击当前选择的图表，在弹出的快捷菜单中选择设置格式相关命令实现格式设置。

8.4　经验技巧

8.4.1　快速调整图表布局

图表布局是指图表中显示的图表元素及其位置、格式等的组合。Excel 2016 提供了 12 种内置图表布局，用于快速调整图表布局。以本任务为例，快速调整图表布局的操作如下。

选中图表，切换到"图表工具设计"选项卡，单击"图表布局"功能组中的"快速布局"下拉按钮，从弹出的下拉列表中选择"布局 5"选项，如图 8-31 所示。此时可将此图表布局应用到选中的图表，如图 8-32 所示。

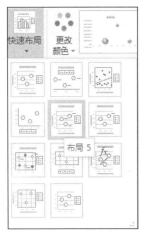

图8-31　"快速布局"下拉列表

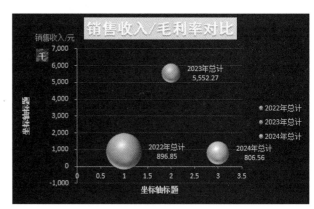

图8-32　应用快速布局后的图表

8.4.2　图表输出技巧

图表设置完成后，用户可按照需要对图表进行输出。为了避免图表输出在两张纸上，输出前应先预览输出效果，然后对图表进行适当调整，这样可避免不必要的纸张浪费。

图表的输出有以下几种情况。

（1）仅输出图表

当用户只需要输出图表时，可选中图表，选择"文件"→"打印"命令，根据图表的预览效果，调整纸张方向为"横向"，在 Excel 2016 窗口的右侧可显示输出预览的效果，如图 8-33 所示。调整完成后，单击"打印"按钮，即可实现图表的输出。

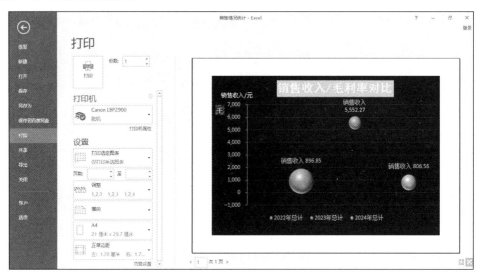

图8-33　图表输出预览效果

（2）输出数据源与图表

需要输出数据源与图表时，可选中工作表中的任意单元格，切换到"视图"选项卡，单击"工作簿视图"功能组中的"页面布局"按钮，显示工作表的"页面布局"视图，如图 8-34 所示。如果数据源与图表不在一页中，在此视图下，可调整页边距，使输出的内容在同一页中，最后选择"文件"→"打印"命令即可输出数据源与图表。

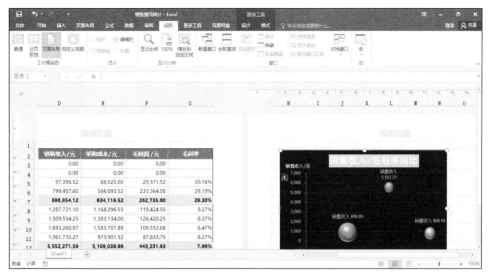

图8-34　"页面布局"视图

（3）不输出图表

当用户想只输出数据源，不输出图表时，可通过以下操作实现。

右击图表，从弹出的快捷菜单中选择"设置图表区域格式"命令，打开"设置图表区格式"窗格，单击"大小与属性"按钮⊞，在"属性"栏中取消勾选"打印对象"复选框，如图 8-35 所示。单击"关闭"按钮×，返回工作表，完成设置。此时，选中工作表中的任意单元格，选择"文件"→"打印"命令，即可在输出预览中只看到数据源。

图8-35　"设置图表区格式"窗格

8.5　AI 加油站：应用 ChartCube 图表魔方

8.5.1　认识 ChartCube 图表魔方

ChartCube 图表魔方是一款在线图表制作工具。它能按照不同的分析目的、样式需求，帮助用户选择适合的可视化图表类型，并进行细节配置。它能实现从最简配置，到深入细节的微调，呈现丰富的结果，并能导出各式图片、数据文件、配置记录。

8.5.2　体验 ChartCube 图表魔方

使用 ChartCube 图表魔方制作图表的基本操作步骤：上传数据、选择图表、配置图表、导出图表。

在百度搜索"ChartCube 图表魔方"并进入其官网，单击"立即制作图表"按钮，进入"上传数据"页面，如图 8-36 所示。

图8-36　"上传数据"页面

选中图 8-36 中的"本地数据"单选按钮，单击"文件上传"按钮，选择"素材"文件夹中的"员工信息表.xlsx"进行上传，上传完成后，在页面右侧选择"姓名"和"工资"两个字段，效果如图 8-37 所示。

图8-37　上传工作表并选择所需字段

单击图 8-37 下方的"下一步"按钮，进入"选择图表"页面，选择柱状图，页面如图 8-38 所示。

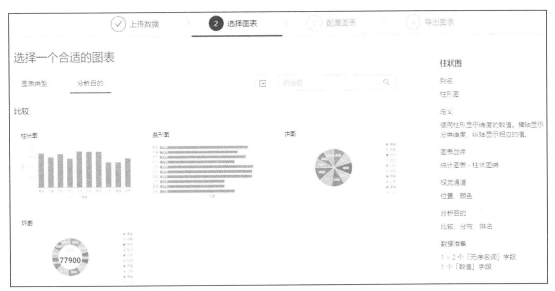

图8-38　"选择图表"页面

在图 8-38 中单击"柱状图"后进入"配置图表"页面，可以根据需要设置相关参数，页面如图 8-39 所示。

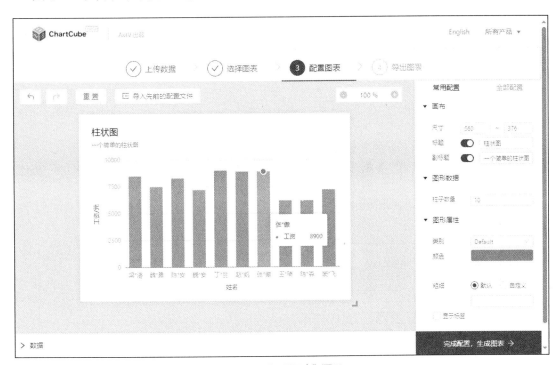

图8-39　"配置图表"页面

在图 8-39 中单击"完成配置，生成图表"按钮，即可进入"导出图表"页面，如图 8-40 所示。根据需要在图 8-40 中单击"导出"按钮或者"全部导出"按钮，即可完成所需导出。

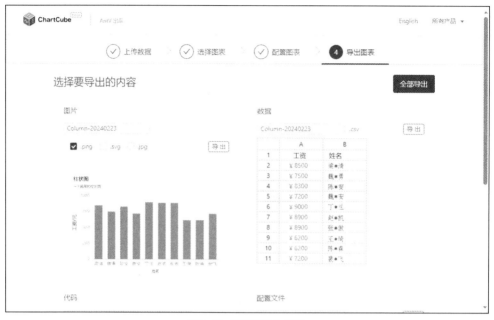

图8-40　"导出图表"页面

8.6　拓展训练

王芳负责某地产公司的房屋销售统计工作，现在需要根据上半年的预计销售量和实际销售量制作一张统计图表，为下半年的销售做准备，效果如图8-36所示。打开"素材"文件夹中的"房屋销售量统计情况.xlsx"，帮助王芳完成以下操作。

（1）根据销售数据，制作"组合图"图表，实际销售量用"簇状柱形图"表示，预计销售量用"带数据标记的折线图"表示。

（2）为图表添加图8-41所示的图表标题、坐标轴标题，调整图例位置。

（3）调整"实际销售量/套"数据系列的颜色为"绿色"，"预计销售量/套"数据系列的颜色为"橙色"，为数据系列添加数据标签。

（4）选择图表，右击，在弹出的快捷菜单中选择"设置绘图区格式"命令，设置填充为"对角线：浅色下对角"。

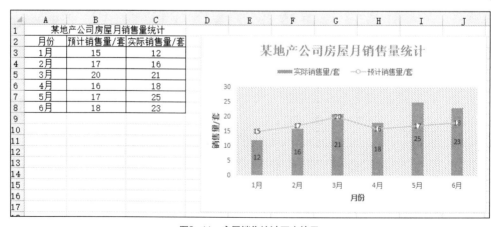

图8-41　房屋销售统计图表效果

任务 9

技能竞赛成绩分析

9.1 任务简介

9.1.1 任务要求与效果展示

为有效推动专业建设，优化专业教学，提高学生的计算机操作水平，提升学生的就业能力与竞争力，某高职院校举办了技能竞赛月活动。侯老师是本次活动中信息技术赛项的负责人。赛项结束后，她需要对学生的竞赛成绩进行分析，具体要求如下。

（1）根据 3 位评委的打分情况，汇总每名学生的平均成绩。

（2）对汇总后的数据进行排序，以查看各专业学生的成绩情况。

（3）筛选出软件技术专业的阶段二成绩在 70 分及以上的学生名单并将其上报教研室，筛选出软件技术专业的阶段一成绩在 90 分以上或计算机应用专业的阶段三成绩在 90 分以上的学生名单并将其上报系办公室。

（4）分类汇总出各专业各项竞赛成绩的平均值。效果如图 9-1 所示。

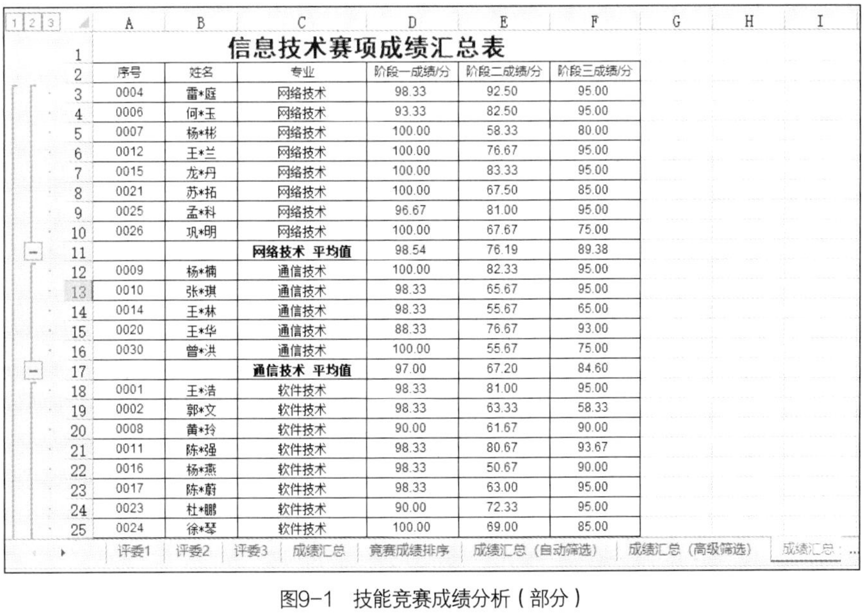

信息技术赛项成绩汇总表

序号	姓名	专业	阶段一成绩/分	阶段二成绩/分	阶段三成绩/分
0004	雷*庭	网络技术	98.33	92.50	95.00
0006	何*玉	网络技术	93.33	82.50	95.00
0007	杨*彬	网络技术	100.00	58.33	80.00
0012	王*兰	网络技术	100.00	76.67	95.00
0015	龙*丹	网络技术	100.00	83.33	95.00
0021	苏*拓	网络技术	100.00	67.50	85.00
0025	孟*科	网络技术	96.67	81.00	95.00
0026	巩*明	网络技术	100.00	67.67	75.00
		网络技术 平均值	98.54	76.19	89.38
0009	杨*楠	通信技术	100.00	82.33	95.00
0010	张*琪	通信技术	98.33	65.67	95.00
0014	王*林	通信技术	98.33	55.67	65.00
0020	王*华	通信技术	88.33	76.67	93.00
0030	曾*洪	通信技术	100.00	55.67	75.00
		通信技术 平均值	97.00	67.20	84.60
0001	王*洁	软件技术	98.33	81.00	95.00
0002	郭*文	软件技术	98.33	63.33	58.33
0008	黄*玲	软件技术	90.00	61.67	90.00
0011	陈*强	软件技术	98.33	80.67	93.67
0016	杨*燕	软件技术	98.33	50.67	90.00
0017	陈*蔚	软件技术	98.33	63.00	95.00
0023	杜*鹏	软件技术	90.00	72.33	95.00
0024	徐*琴	软件技术	100.00	69.00	85.00

图9-1　技能竞赛成绩分析（部分）

素养小贴士

全国职业院校技能大赛

全国职业院校技能大赛是由教育部发起并牵头，联合国务院有关部门以及有关行业组织、人民团体、学术团体和地方共同举办的一项公益性、全国性职业院校师生综合技能竞赛活动。

9.1.2　任务目标

知识目标：

➢ 了解数据合并计算的作用；

➢ 了解数据排序、数据筛选、数据分类汇总的作用。

技能目标：

➢ 掌握多个表格的数据合并计算和数据分类汇总的方法；

➢ 掌握数据的多条件排序方法；

➢ 掌握数据的自动筛选与高级筛选方法；

➢ 掌握数据的分类汇总方法。

素养目标：

➢ 提升对数据的分析、统计能力；

➢ 培养创新和敬业、乐业的工作精神，提升质量意识。

9.2　任务实施

9.2.1　数据合并计算

数据合并计算是 Excel 2016 中内置的进行多区域汇总的工具。数据合并计算可以对几个工作表中相同类型的数据进行汇总，并可以在指定的位置显示计算结果。数据汇总的方式包括求和、计数、求平均值、求最大值、求最小值等。在本任务中，需要将 3 位评委的评分数据进行数据合并计算，操作步骤如下。

微课

数据合并计算

（1）打开"素材"文件夹中的工作簿文件"信息技术赛项成绩汇总表.xlsx"，单击"评委 3"工作表标签右侧的"新工作表"按钮⊕，创建一个名为"Sheet1"的新工作表。

（2）将"Sheet1"工作表重命名为"成绩汇总"，在单元格 A1 中输入表格标题"信息技术赛项成绩汇总表"，设置文本字体为"黑体"，字号为"18"，加粗。

（3）在"成绩汇总"工作表的单元格区域 A2:F2 中依次输入表格的列标题"序号""姓名""专业""阶段一成绩/分""阶段二成绩/分""阶段三成绩/分"。将"评委 1"工作表中的"序号""姓名""专业" 3 列数据复制并粘贴在"成绩汇总"工作表的对应位置，对表格单元格进行添加边框、设置对齐方式操作，如图 9-2 所示。

（4）选择"成绩汇总"工作表的单元格 D3，切换到"数据"选项卡，在"数据工具"功能组中单击"合并计算"按钮，如图 9-3 所示。打开"合并计算"对话框。

（5）单击"函数"下拉按钮，从弹出的下拉列表中选择"平均值"选项。将光标定位到"引用位置"参数框中，单击"评委 1"工作表标签，并选择单元格区域 D3:F34，返回"合并计算"对话框，单击"添加"按钮，在"所有引用位置"下方的列表框中将显示所选的单元格区域。

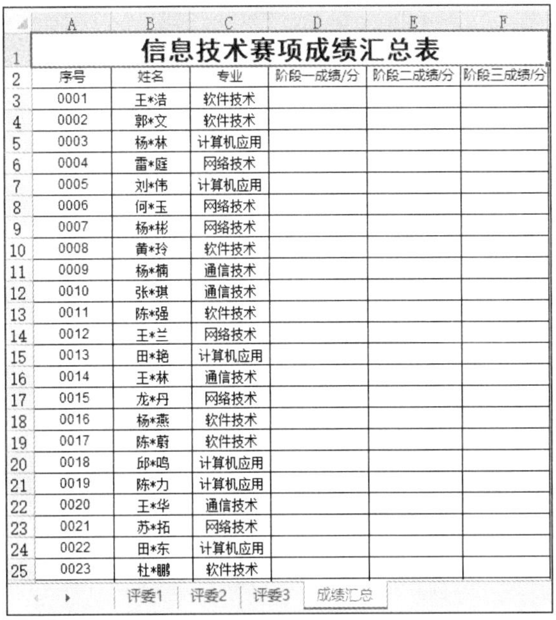

图9-2 新建"成绩汇总"工作表

图9-3 "合并计算"按钮

（6）将光标再次定位于"引用位置"参数框中，并删除已有的单元格区域，单击"评委 2"工作表标签，选择单元格区域 D3:F34，返回"合并计算"对话框，单击"添加"按钮，在"所有引用位置"列表框中将显示所选的单元格区域。使用同样的方法将"评委 3"工作表的单元格区域 D3:F34 添加到"所有引用位置"列表框中，如图 9-4 所示。单击"确定"按钮，即可在"成绩汇总"工作表中看到合并计算的结果，如图 9-5 所示。

（7）选中步骤（6）中合并计算后的单元格区域 D3:F34，切换到"开始"选项卡，在"数字"功能组中单击"数字格式"下拉按钮，从弹出的下拉列表中选择"数字"选项，如图 9-6 所示。

图9-4 "合并计算"对话框

	A	B	C	D	E	F	G
1	信息技术赛项成绩汇总表						
2	序号	姓名	专业	阶段一成绩/分	阶段二成绩/分	阶段三成绩/分	
3	0001	王*浩	软件技术	98.333333	81	95	
4	0002	郭*文	软件技术	98.333333	63.333333	58.333333	
5	0003	杨*林	计算机应用	83.333333	72	90	
6	0004	雷*庭	网络技术	98.333333	92.5	95	
7	0005	刘*伟	计算机应用	98.333333	81.666667	93.333333	
8	0006	何*玉	网络技术	93.333333	82.5	95	
9	0007	杨*彬	网络技术	100	58.333333	80	
10	0008	萧*玲	软件技术	90	61.666667	90	
11	0009	杨*楠	通信技术	100	82.333333	95	
12	0010	张*琪	通信技术	98.333333	65.666667	95	
13	0011	陈*强	软件技术	98.333333	80.666667	93.666667	
14	0012	王*兰	网络技术	100	76.666667	95	
15	0013	田*艳	计算机应用	100	77.333333	90	
16	0014	王*林	通信技术	98.333333	55.666667	65	
17	0015	龙*丹	网络技术	100	83.333333	95	
18	0016	杨*燕	软件技术	98.333333	50.666667	95	
19	0017	陈*蔚	软件技术	98.333333	63	95	
20	0018	邱*鸣	计算机应用	100	57.333333	75	
21	0019	陈*力	计算机应用	88.333333	52.333333	95	

评委1　评委2　评委3　成绩汇总

图9-5　合并计算后的结果（部分）

图9-6　"数字格式"下拉列表

9.2.2　数据排序

为了方便查看和对比表格中的数据，用户可以对数据进行排序。数据排序是按照某个字段或某几个字段的顺序对数据进行重新排列，让数据顺序具有某种规律的操作。数据排序主要包括简单排序、复杂排序和自定义排序 3 种。

本任务要查看各专业学生的成绩情况，我们可以对表格数据按专业进行升序排序，在专业相同的情况下分别按阶段一成绩、阶段二成绩、阶段三成绩对表格数据进行降序排序。此时的数据排序需要使用 Excel 2016 中的复杂排序，操作步骤如下。

（1）复制"成绩汇总"工作表，并将其副本表格重命名为"竞赛成绩排序"。

（2）将光标定位于"竞赛成绩排序"工作表的任意单元格中，切换到"数据"选项卡，在 "排序和筛选"功能组中单击"排序"按钮，如图9-7 所示。打开"排序"对话框。

（3）单击"主要关键字"右侧的下拉按钮，从弹出的下拉列表中选择"专业"选项，保持"排序依据"下拉列表的默认值不变，在"次序"下拉列表中选择"升序"选项，之后单击"添加条件"按钮，对话框中出现"次要关键字"条件行，设置"次要关键字"为"阶段一成绩"、"次序"为"降序"。用同样的方法再添加两个"次要关键字"并进行图 9-8 所示的设置。

图9-7　"排序"按钮

图9-8　"排序"对话框

（4）单击"确定"按钮，完成表格数据的多条件排序，如图 9-9 所示。

	A	B	C	D	E	F
1			信息技术赛项成绩汇总表			
2	序号	姓名	专业	阶段一成绩/分	阶段二成绩/分	阶段三成绩/分
3	0013	田*艳	计算机应用	100.00	77.33	90.00
4	0027	吉*庆	计算机应用	100.00	75.00	95.00
5	0029	王*琪	计算机应用	100.00	74.33	95.00
6	0018	邱*鸣	计算机应用	100.00	57.33	75.00
7	0005	刘*伟	计算机应用	98.33	81.67	93.33
8	0031	张*昭	计算机应用	88.33	59.00	95.00
9	0019	陈*力	计算机应用	88.33	52.33	95.00
10	0032	董*株	计算机应用	86.67	57.33	95.00
11	0003	杨*林	计算机应用	83.33	72.00	90.00
12	0022	田*东	计算机应用	83.33	50.67	85.00
13	0024	徐*琴	软件技术	100.00	69.00	85.00
14	0001	王*浩	软件技术	98.33	81.00	95.00
15	0011	陈*强	软件技术	98.33	80.67	93.67
16	0002	郭*文	软件技术	98.33	63.33	58.33
17	0017	陈*蔚	软件技术	98.33	63.00	95.00
18	0016	杨*燕	软件技术	98.33	50.67	90.00
19	0028	何*鱼	软件技术	90.00	82.67	95.00
20	0023	杜*鹏	软件技术	90.00	72.33	95.00
21	0008	黄*玲	软件技术	90.00	61.67	90.00
22	0009	杨*楠	通信技术	100.00	82.33	95.00
23	0030	曾*洪	通信技术	100.00	55.67	75.00
24	0010	张*琪	通信技术	98.33	65.67	95.00
25	0014	王*林	通信技术	98.33	55.67	65.00

评委1　评委2　评委3　成绩汇总　竞赛成绩排序

图9-9　数据排序后的效果（部分）

9.2.3　数据筛选

为了在表格中找出某些满足一定条件的数据，用户可以使用 Excel 2016 中的数据筛选功能。在用户设定筛选条件后，系统会迅速找出满足筛选条件的数据，并自动隐藏不满足筛选条件的数据。Excel 2016 中的数据筛选功能有自动筛选和高级筛选两种。

微课

数据筛选

自动筛选一般用于条件比较简单的条件筛选，高级筛选一般用于条件比较复杂的条件筛选。在进行高级筛选前必须先设定筛选的条件区域。当筛选条件同行排列时，筛选出的数据必须同时满足所有筛选条件，这种高级筛选称为"且"高级筛选；当筛选条件位于不同行时，筛选出的数据只需满足其中一个筛选条件即可，这种高级筛选称为"或"高级筛选。

本任务要求筛选出软件技术专业的阶段二成绩在 70 分及以上的学生名单，并将其上报教研室可利用自动筛选功能实现，操作步骤如下。

（1）复制"成绩汇总"工作表，并将其副本表格重命名为"成绩汇总（自动筛选）"。

（2）将光标定位于"成绩汇总（自动筛选）"工作表的单元格区域中，切换到"数据"选项卡，在"排序和筛选"功能组中单击"筛选"按钮。

（3）此时工作表进入筛选状态，各标题字段的右侧均出现下拉按钮。

（4）单击"专业"右侧的下拉按钮，在弹出的下拉列表中取消勾选"计算机应用""通信技术""网络技术"复选框，只勾选"软件技术"复选框，如图 9-10 所示。

（5）单击"确定"按钮，表格中立即筛选出了"软件技术"专业的成绩数据。

（6）单击"阶段二成绩"右侧的下拉按钮，在弹出的下拉列表中选择"数字筛选"→"大于或等于"选项，如图 9-11 所示，打开"自定义自动筛选方式"对话框。

（7）设置"大于或等于"后的值为"70"，如图 9-12 所示。

（8）单击"确定"按钮返回工作表，表格立即显示了软件技术专业的阶段二成绩在 70 分及以上的学生名单，如图 9-13 所示。

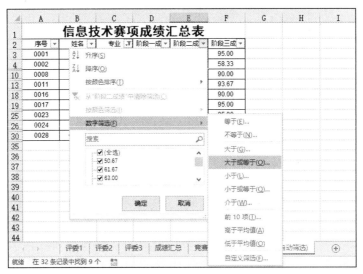

图9-10 设置筛选"专业"条件

图9-11 设置筛选"阶段二成绩"条件

图9-12 "自定义自动筛选方式"对话框

	A	B	C	D	E	F	G
1		信息技术赛项成绩汇总表					
2	序号	姓名	专业	阶段一成	阶段二成	阶段三成	
3	0001	王*浩	软件技术	98.33	81.00	95.00	
13	0011	陈*强	软件技术	98.33	80.67	93.67	
25	0023	杜*鹏	软件技术	90.00	72.33	95.00	
30	0028	何*鱼	软件技术	90.00	82.67	95.00	
35							

图9-13 自动筛选效果

本任务要求筛选软件技术专业的阶段一成绩在90分以上或计算机应用专业的阶段三成绩在90分以上的学生名单并将其上报系办公室，该操作可利用高级筛选功能实现，操作步骤如下。

（1）复制"成绩汇总"工作表，并将其副本表格重命名为"成绩汇总（高级筛选）"。

（2）在单元格区域 H2:J2 中依次输入"专业""阶段一成绩/分""阶段三成绩/分"。

（3）选择 H3 单元格，并输入"软件技术"，选择 I3 单元格，并输入">90"，选择 H4 单元格，并输入"计算机应用"，选择 J4 单元格，并输入">90"，如图 9-14 所示。

（4）将光标定位于"成绩汇总（高级筛选）"工作表的单元格区域中，切换到"数据"选项卡，在"排序和筛选"功能组中单击"高级"按钮，打开"高级筛选"对话框。

（5）保持"方式"栏中"在原有区域显示筛选结果"单选按钮的被选中状态，保持系统自动设置的"列表区域"A2:F34 不变，将光标定位到"条件区域"后的参数框中，之后在工作表中选择所设置的条件区域 H2:J4，如图 9-15 所示。单击"确定"按钮，返回工作表，即可看到工作表的单元格区域中显示出了满足筛选条件的学生成绩信息，如图 9-16 所示。

H	I	J
专业	阶段一成绩/分	阶段三成绩/分
软件技术	>90	
计算机应用		>90

图9-14　设置筛选条件

图9-15　"高级筛选"对话框

信息技术赛项成绩汇总表

序号	姓名	专业	阶段一成绩/分	阶段二成绩/分	阶段三成绩/分
0001	王*浩	软件技术	98.33	81.00	95.00
0002	郭*文	软件技术	98.33	63.33	58.33
0005	刘*伟	计算机应用	98.33	81.67	93.33
0011	陈*强	软件技术	98.33	80.67	93.67
0016	杨*燕	软件技术	98.33	50.67	90.00
0017	陈*蔚	软件技术	98.33	63.00	95.00
0019	陈*力	计算机应用	88.33	52.33	95.00
0024	徐*琴	软件技术	100.00	69.00	85.00
0027	吉*庆	计算机应用	100.00	75.00	95.00
0029	王*琪	计算机应用	100.00	74.33	95.00
0031	张*昭	计算机应用	88.33	59.00	95.00
0032	董*株	计算机应用	86.67	57.33	95.00

图9-16　高级筛选结果

9.2.4　数据分类汇总

分类汇总是对 Excel 2016 表格中的数据进行管理的工具之一，它可以快速地汇总各项数据。用户通过分级显示和分类汇总，可以从大量数据中提取有用的信息。分类汇总允许展开或收缩工作表，还允许汇总整个工作表或其中选定的一部分。分类汇总前需要对数据进行排序。

微课

数据分类汇总

本任务要汇总各专业学生的平均成绩，可利用分类汇总实现，操作步骤如下。

（1）复制"成绩汇总"工作表，并将其副本表格重命名为"成绩汇总（分类汇总）"。

（2）将光标定位于"成绩汇总（分类汇总）"工作表的"专业"列的单元格区域中，切换到"数据"选项卡，在"排序和筛选"功能组中单击"升序"按钮，如图 9-17 所示，可快速将表格中的数据按"专业"升序排序。

（3）在"数据"选项卡中单击"分级显示"功能组中的"分类汇总"按钮，如图 9-18 所示。打开"分类汇总"对话框。

（4）设置对话框中的"分类字段"为"专业"，"汇总方式"为"平均值"，在"选定汇总项"列表框中勾选"阶段一成绩""阶段二成绩""阶段三成绩"复选框，保持"替换当前分类汇总"和"汇总结果显示在数据下方"复选框的被勾选状态，如图 9-19 所示。单击"确定"按钮，完成将数据按"专业"进行分类汇总的操作，如图 9-1 所示。

图9-17 "升序"按钮

图9-18 "分类汇总"按钮

图9-19 "分类汇总"对话框

（5）单击"保存"按钮，保存工作簿文件，完成竞赛成绩的分析。

9.3 任务小结

本任务通过分析学生竞赛成绩讲解了 Excel 2016 中的数据合并计算，Excel 2016 数据分析中的排序、自动筛选、高级筛选和分类汇总等内容。在实际操作中读者还需要注意以下内容。

（1）"排序"对话框中的隐藏选项

Excel 2016 的排序功能很强，在"排序"对话框中隐藏着用户不熟悉的多个选项。

① 排序依据。

排序依据除了默认的按"数值"排序，还有按"单元格颜色""字体颜色""单元格图标"排序，如图 9-20 所示。

图9-20 "排序依据"下拉列表

② 排序选项。

在"排序"对话框中进行相应的设置，可完成一些非常规的排序操作，如"按行排序""按笔划排序"等。单击"排序"对话框中的"选项"按钮，可打开"排序选项"对话框，如图 9-21 所示。更改对话框的设置，即可实现相应的操作。

（2）自动筛选与高级筛选的区别

筛选时要注意自动筛选与高级筛选的区别，根据实际要求选择适当的筛选形式进行数据分析。

- 自动筛选不用设置筛选的条件区域，高级筛选必须先设置筛选的条件区域。

- 自动筛选可实现的筛选效果，高级筛选也可以实现，反之则不一定能实现。

- 对于多条件的自动筛选，各条件之间是"与"的关系。对于多条件的高级筛选，当筛选条件在同一行时，表示各条件之间是"与"的关系；当筛选条件不在同一行时，表示各条件之间是"或"的关系。

图9-21　"排序选项"对话框

（3）实现删除已建立的分类汇总

需要删除已设置的分类汇总结果时，可打开"分类汇总"对话框，单击"全部删除"按钮。需要注意的是，删除已设置的分类汇总结果的操作是不可逆的，不能通过"撤销"命令恢复。

9.4　经验技巧

9.4.1　对分类汇总后的汇总值排序

在实际操作中，经常会遇到要对分类汇总后的汇总值进行排序的情况，如果直接进行排序会出现图9-22所示的错误提示框。如果需要避免此提示框的出现，以本任务为例，要对各专业的分类汇总后的数据按"阶段一成绩"从高到低进行排序，可进行如下的操作。

图9-22　错误提示框

（1）在已完成分类汇总操作的"成绩汇总（分类汇总）"工作表中，单击"二级显示"按钮，以便只显示汇总成绩情况，如图9-23所示。

1 2 3		A	B	C	D	E	F
	1			信息技术赛项成绩汇总表			
	2	序号	姓名	专业	阶段一成绩/分	阶段二成绩/分	阶段三成绩/分
+	13			计算机应用 平均值	92.83	65.70	90.83
+	23			软件技术 平均值	95.74	69.37	88.56
+	29			通信技术 平均值	97.00	67.20	84.60
+	38			网络技术 平均值	98.54	76.19	89.38
	39			总计平均值	95.73	69.59	88.85

图9-23　显示汇总成绩情况

（2）选择单元格D3，切换到"数据"选项卡，单击"排序和筛选"功能组中的"降序"按钮，即可实现汇总值的排序，如图9-24所示。

1 2 3		A	B	C	D	E	F
	1			信息技术赛项成绩汇总表			
	2	序号	姓名	专业	阶段一成绩/分	阶段二成绩/分	阶段三成绩/分
+	11			网络技术 平均值	98.54	76.19	89.38
+	17			通信技术 平均值	97.00	67.20	84.60
+	27			软件技术 平均值	95.74	69.37	88.56
+	38			计算机应用 平均值	92.83	65.70	90.83
	39			总计平均值	95.73	69.59	88.85

图9-24　按汇总值排序后的效果

9.4.2 使用通配符模糊筛选

通配符是一类键盘字符。通配符模糊筛选是指使用通配符和文本字组合的形式设置筛选条件，进行模糊筛选。通配符主要有星号（*）和问号（？）。“*”代表任意的一个或多个字符，“？”代表任意的单个字符。

本任务中，如果要筛选所有姓“王”的学生的竞赛成绩情况，可进行如下操作。

（1）切换到“成绩汇总”工作表，选择单元格区域的任意单元格，切换到“数据”选项卡，在“排序和筛选”功能组中单击“筛选”按钮，进入自动筛选状态。

（2）单击“姓名”右侧的下拉按钮，在弹出的快捷菜单中“文本筛选”下方的文本框中输入“王*”，如图 9-25 所示。

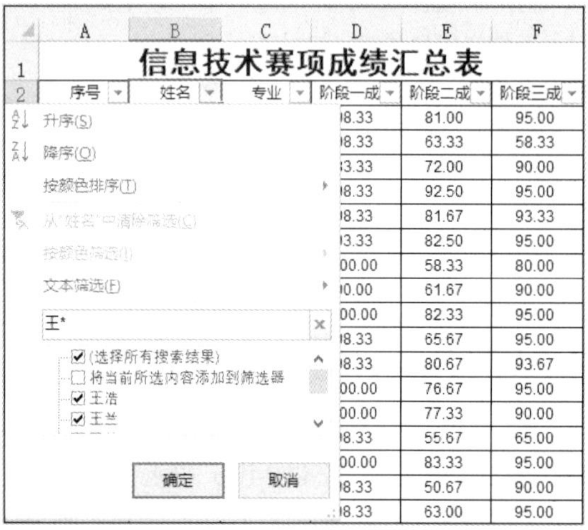

图9-25　设置筛选条件

（3）单击“确定”按钮，工作表中只显示出了姓“王”的学生的竞赛成绩情况信息，如图 9-26 所示。

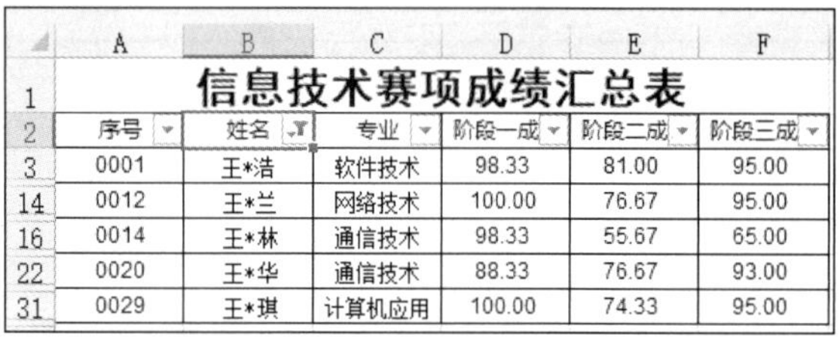

	A	B	C	D	E	F
1	信息技术赛项成绩汇总表					
2	序号	姓名	专业	阶段一成	阶段二成	阶段三成
3	0001	王*浩	软件技术	98.33	81.00	95.00
14	0012	王*兰	网络技术	100.00	76.67	95.00
16	0014	王*林	通信技术	98.33	55.67	65.00
22	0020	王*华	通信技术	88.33	76.67	93.00
31	0029	王*琪	计算机应用	100.00	74.33	95.00

图9-26　模糊筛选后的结果

9.5 AI 加油站：认识 Rows 和 Excelly-AI 数据处理工具

9.5.1 认识 Rows

Rows 是一款多合一的电子表格工具，Rows 旨在为用户提供强大的 AI 工具，以便更高效地分析、汇总和转换数据。

Rows 能够瞬间生成电子表格，任何用户都可以在电子表格中使用 AI 工具，并且不需要发送电子邮件、不需要登录、不需要填写验证码。Rows 还能通过文件上传导入用户的数据，从而完成数据分析、趋势分析、图表绘制。

9.5.2　认识 Excelly-AI

Excelly-AI 是一款将文本转换为 Excel 公式的工具，它基于优秀的自然语言处理技术，可以处理复杂的语言结构和语义，并将其转换为可用于电子表格的 Excel 公式。Excelly-AI 能在浏览器中毫不费力地将纯文本转换为功能强大的 Excel 公式。Excelly-AI 支持 Excel，它可以生成任何用户想要的公式，并为每个生成的公式提供解释。

9.6　拓展训练

打开“素材”文件夹中的工作簿文件“员工考勤表.xlsx”，请按以下要求对表格数据进行统计。

（1）筛选出需要提醒的员工信息，需要提醒的条件：迟到次数超过 2，或缺席天数多于 1，或有早退现象。完成筛选后的效果如图 9-27 所示。

	A	B	C	D	E	F	G
2	序号	时间	员工姓名	所属部门	迟到次数	缺席天数	早退次数
4	0002	2024年1月	郭*文	秘书处	10	0	1
5	0003	2024年1月	杨*林	财务部	4	3	0
6	0004	2024年1月	雷*庭	企划部	2	0	2
7	0005	2024年1月	刘*伟	销售部	4	1	0
8	0006	2024年1月	何*玉	销售部	0	0	4
9	0007	2024年1月	杨*彬	研发部	2	0	8
10	0008	2024年1月	黄*玲	销售部	1	1	4
11	0009	2024年1月	杨*楠	企划部	3	0	2
12	0010	2024年1月	张*琪	企划部	7	1	1
13	0011	2024年1月	陈*强	销售部	8	0	0
14	0012	2024年1月	王*兰	研发部	0	0	3
15	0013	2024年1月	田*艳	企划部	5	3	4
16	0014	2024年1月	王*林	秘书处	7	0	1
17	0015	2024年1月	龙*丹	销售部	0	4	0
18	0016	2024年1月	杨*燕	销售部	1	0	1
19	0017	2024年1月	陈*蔚	销售部	8	1	4
20	0018	2024年1月	邱*鸣	研发部	6	0	5
21	0019	2024年1月	陈*力	企划部	0	1	4
22	0020	2024年1月	王*华	秘书处	0	0	1
23	0021	2024年1月	苏*拓	企划部	6	0	0
24	0022	2024年1月	田*东	企划部	3	0	0
25	0023	2024年1月	杜*鹏	研发部	5	1	1
26	0024	2024年1月	徐*琴	企划部	1	0	3
27	0025	2024年1月	孟*科	企划部	5	0	4
28	0026	2024年1月	巩*明	企划部	3	3	1
30	0028	2024年1月	何*鱼	研发部	1	0	5
31	0029	2024年1月	王*琪	秘书处	0	2	0
32	0030	2024年1月	曾*洪	企划部	0	0	4
33	0031	2024年1月	张*昭	秘书处	1	0	1

图9-27　完成筛选后的效果1

（2）筛选出需要经理约谈的员工信息，需要约谈的条件：迟到次数大于 6 并且早退次数大于 2，或缺席天数多于 3 并且早退次数大于 1。完成筛选后的效果如图 9-28 所示。

	A	B	C	D	E	F	G	H
1	企业员工月度出勤考核							
2	序号	时间	员工姓名	所属部门	迟到次数	缺席天数	早退次数	
19	0017	2024年1月	陈*蔚	销售部	8	1	4	
35								

图9-28　完成筛选后的效果2

（3）按照所属部门，对员工的出勤情况进行分类汇总，得出各部门的出勤情况。分类汇总后的效果如图 9-29 所示。

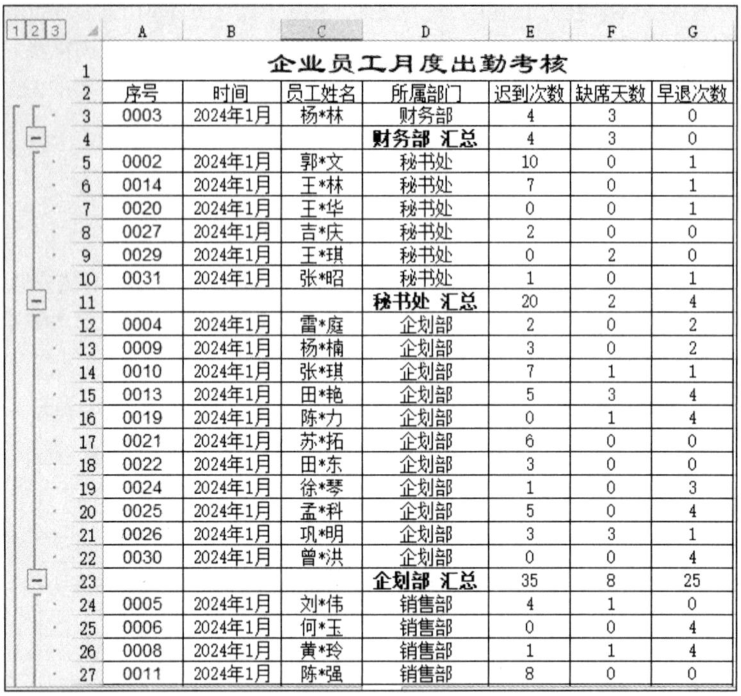

	A	B	C	D	E	F	G
1	企业员工月度出勤考核						
2	序号	时间	员工姓名	所属部门	迟到次数	缺席天数	早退次数
3	0003	2024年1月	杨*林	财务部	4	3	0
4				**财务部 汇总**	4	3	0
5	0002	2024年1月	郭*文	秘书处	10	0	1
6	0014	2024年1月	王*林	秘书处	7	0	1
7	0020	2024年1月	王*华	秘书处	0	0	1
8	0027	2024年1月	吉*庆	秘书处	2	0	0
9	0029	2024年1月	王*琪	秘书处	0	2	0
10	0031	2024年1月	张*昭	秘书处	1	0	1
11				**秘书处 汇总**	20	2	4
12	0004	2024年1月	雷*庭	企划部	2	0	2
13	0009	2024年1月	杨*楠	企划部	3	0	2
14	0010	2024年1月	张*琪	企划部	7	1	1
15	0013	2024年1月	田*艳	企划部	5	3	4
16	0019	2024年1月	陈*力	企划部	0	1	4
17	0021	2024年1月	苏*拓	企划部	6	0	0
18	0022	2024年1月	田*东	企划部	3	0	0
19	0024	2024年1月	徐*琴	企划部	1	0	3
20	0025	2024年1月	孟*科	企划部	5	0	4
21	0026	2024年1月	巩*明	企划部	3	3	1
22	0030	2024年1月	曾*洪	企划部	0	0	4
23				**企划部 汇总**	35	8	25
24	0005	2024年1月	刘*伟	销售部	4	1	0
25	0006	2024年1月	何*玉	销售部	0	0	4
26	0008	2024年1月	黄*玲	销售部	1	1	4
27	0011	2024年1月	陈*强	销售部	8	0	0

图9-29　分类汇总后的效果（部分）

任务 10 公司销售情况分析

10.1 任务简介

10.1.1 任务要求与效果展示

小张是某公司销售部主管，为了针对公司汇总的销售数据制定下一年的采购计划，他需要对销售数据进行详细的分析。具体要求如下。

（1）将各分部的销售情况按销售渠道单独生成一张表格。

（2）统计分部销售额平均值。

（3）对各分部销售情况按销售额从高到低进行排序。效果如图 10-1 所示。

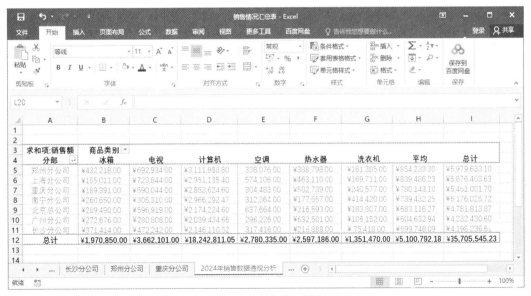

图10-1 公司销售情况分析效果

素养小贴士

大数据用于医疗行业，改善人民健康状况

当大数据用于医疗行业解决民生问题时，可改善人民健康情况。当前，大数据在医疗行业得到了广泛应用，如应用于公共卫生、疾病诊疗、医药研发等，将大数据用于追踪、统计药品数据，可进一步分析药品的药效，促进医药研发效率的提高。此外，应用大数据还可分析区域性疾病的发生情况，以便提出更好的疾病预报措施，防止病情的爆发及扩散。

10.1.2　任务目标

知识目标：

➢ 了解数据透视表的作用；
➢ 了解数据透视表的相关 AI 工具。

技能目标：

➢ 掌握数据透视表的创建方法；
➢ 掌握利用数据透视表对数据进行计算分析的方法；
➢ 掌握数据透表的美化方法。

素养目标：

➢ 培养科学严谨的工作作风；
➢ 增强社会责任感和法律意识。

10.2　任务实施

10.2.1　创建数据透视表

数据透视表是一种对大量数据进行快速汇总和建立交叉表的交互式表格。通过数据透视表，用户可以转换行以查看数据源的不同汇总结果，可以使其显示不同页面以筛选数据，还可以根据需要使其显示某特定区域中的明细数据。

本任务中，创建数据透视表的操作步骤如下。

（1）打开"素材"文件夹中的工作簿文件"销售情况汇总表.xlsx"。

（2）选中表格中的任意单元格，切换到"插入"选项卡，在"表格"功能组中单击"数据透视表"按钮，如图 10-2 所示。弹出"创建数据透视表"对话框。

（3）保持默认的"表/区域"不变，选中"选择放置数据透视表的位置"栏中的"新工作表"单选按钮，如图 10-3 所示。单击"确定"按钮，此时表格中新建一个名为"Sheet2"的新工作表，进入数据透视表的设计环境。

图10-2　"数据透视表"按钮

（4）在"数据透视表字段"窗格中，将"选择要添加到报表的字段"列表框中的"销售渠道"拖动到"列"中，将"商品类别"拖动到"行"中，将"销售额"拖动到"值"中，如图 10-4 所示。此时可实现数据透视表的创建，如图 10-5 所示。

图10-3　"创建数据透视表"对话框

图10-4　"数据透视表字段"窗格

图10-5　数据透视表创建完成后的效果

10.2.2　添加报表筛选页字段

Excel 2016 提供了报表筛选页字段的功能。通过该功能，用户可以使数据透视表快速显示位于筛选器中字段的所有数据，添加报表筛选页字段后生成的工作表会自动以字段数据命名，便于查看数据。在本任务中，要将各分部的销售情况单独生成表格，可使用报表筛选页字段的功能，操作步骤如下。

微课

添加报表筛选页字段

（1）在"数据透视表字段"窗格中，将"分部"拖动到"筛选器"中。

（2）选中数据透视表中的任意含有内容的单元格。切换到"数据透视表工具|分析"选项卡，在"数据透视表"功能组中单击"选项"下拉按钮，在弹出的下拉列表中选择"显示报表筛选页"选项，如图 10-6 所示。

（3）在弹出的"显示报表筛选页"对话框中，选择要显示的报表筛选页字段"分部"，如图 10-7 所示。单击"确定"按钮，返回工作表中，Excel 2016 自动生成"北京总公司""广州分公司""南宁分公司""上海分公司""长沙分公司""郑州分公司""重庆分公司" 7 张工作表，切换至任意一张工作表，均可查看该分部的销售情况。图 10-8 所示为切换到"北京总公司"工作表时的效果。

图10-6 "显示报表筛选页"选项   图10-7 "显示报表筛选页"对话框

图10-8 添加报表筛选页字段后的效果

10.2.3 插入计算项

Excel 2016 提供了插入计算项的功能。插入计算项是指在已有的字段中插入新项，计算项是通过计算该字段现有的其他项得到的。在选中数据透视表中某个字段标题或其下的项目时，可以使用计算项的功能。需要注意的是，计算项只能应用于行、列字段，无法应用于数字区域。

微课

插入计算项

本任务需要在数据透视表中体现各分部的平均销售额，可通过插入计算项实现，操作步骤如下。

（1）切换到"Sheet2"工作表，在"数据透视表字段"窗格中，单击"列"字段列表中的"销售渠道"下拉按钮，从弹出的下拉列表中选择"删除字段"选项，如图 10-9 所示，将"销售渠道"字段从"列"字段列表中删除。

（2）将"商品类别"从"行"字段列表中移至"列"字段列表中，将"分部"字段从"筛选器"字段列表中移至"行"字段列表中。

（3）选中单元格 G4，切换到"数据透视表工具|分析"选项卡，在"计算"功能组中单击"字段、项目和集"下拉按钮，从弹出的下拉列表中选择"计算项"选项，如图 10-10 所示。

图10-9 "删除字段"选项

图10-10 "计算项"选项

（4）在弹出的对话框中，设置"名称"为"平均销售额"，在"公式"文本框中输入"=average()"，在"字段"列表框中选择"商品类别"，在"项"列表框中选择"冰箱"，单击"插入项"按钮。

（5）在"公式"显示的"冰箱"后输入英文状态下的逗号，在"项"列表框中选择"电视"，单击"插入项"按钮。用同样的方法继续插入"计算机"项、"空调"项、"热水器"项、"洗衣机"项，如图 10-11 所示。插入完成后，单击"确定"按钮，返回工作表，可看到插入的"平均销售额"计算项，如图10-12所示。

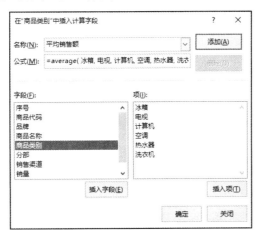

图10-11 "在'商品类别'中插入计算字段"对话框

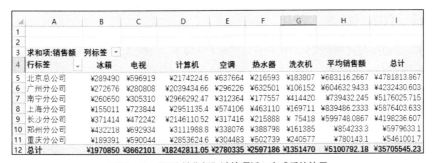

求和项:销售额	列标签							
行标签	冰箱	电视	计算机	空调	热水器	洗衣机	平均销售额	总计
北京总公司	¥289490	¥596919	¥2174224.6	¥637664	¥216593	¥183807	¥683116.2667	¥4781813.867
广州分公司	¥272676	¥280808	¥2039434.66	¥296226	¥106152	¥604632.9433	¥4232430.603	
南宁分公司	¥260650	¥305310	¥2966292.47	¥312364	¥177557	¥414420	¥739432.245	¥5176025.715
上海分公司	¥155011	¥723844	¥2951135.4	¥574106	¥463110	¥169711	¥839486.2333	¥5876403.633
长沙分公司	¥371414	¥472242	¥2146110.52	¥317416	¥215888	¥75418	¥599748.0867	¥4198236.607
郑州分公司	¥432218	¥692934	¥3111988.8	¥338076	¥388798	¥161385	¥854233.3	¥5979633.1
重庆分公司	¥189391	¥590044	¥2853624.6	¥304483	¥502739	¥240577	¥780143.1	¥5461001.7
总计	¥1970850	¥3662101	¥18242811.05	¥2780335	¥2597186	¥1351470	¥5100792.18	¥35705545.23

图10-12 "平均销售额"计算项插入完成后的效果

10.2.4 数据透视表的排序

用户在已完成设置的数据透视表中还可执行排序命令。本任务要求对分析出的数据按"总计"从高到低进行排序，具体操作如下。

（1）将光标定位于数据透视表的任意单元格中，单击"行标签"下拉按钮，在弹出的下拉列表中选择"其他排序选项"选项，如图 10-13 所示。弹出"排序(分部)"对话框。

（2）在"排序选项"栏中选中"降序排序(Z 到 A)依据"单选按钮，并从其下拉列表中选择"求和项:销售额"选项，如图 10-14 所示。

图10-13 "其他排序选项"选项

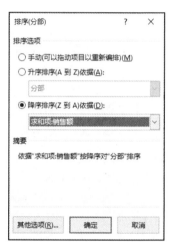

图10-14 "排序(分部)"对话框

（3）单击"确定"按钮，即可使数据透视表中数据按"总计"从高到低进行排序，效果如图 10-15 所示。

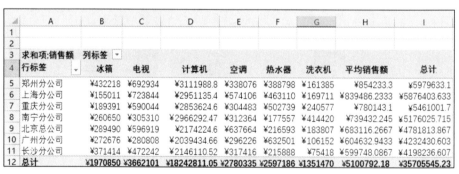

行标签	冰箱	电视	计算机	空调	热水器	洗衣机	平均销售额	总计
郑州分公司	¥432218	¥692934	¥3111988.8	¥338076	¥388798	¥161385	¥854233.3	¥5979633.1
上海分公司	¥155011	¥723844	¥2951135.4	¥574106	¥463110	¥169711	¥839486.2333	¥5876403.633
重庆分公司	¥189391	¥590044	¥2853624.6	¥304483	¥502739	¥240577	¥780143.1	¥5461001.7
南宁分公司	¥260650	¥305310	¥2966292.47	¥312364	¥177557	¥414420	¥739432.245	¥5176025.715
北京总公司	¥289490	¥596919	¥2174224.6	¥637664	¥216593	¥183807	¥683116.2667	¥4781813.867
广州分公司	¥272676	¥280808	¥2039434.66	¥296226	¥632501	¥106152	¥604632.9433	¥4232430.603
长沙分公司	¥371414	¥472242	¥2146110.52	¥317416	¥215888	¥75418	¥599748.0867	¥4198236.607
总计	¥1970850	¥3662101	¥18242811.05	¥2780335	¥2597186	¥1351470	¥5100792.18	¥35705545.23

图10-15 降序排序后的效果

10.2.5 数据透视表的美化

为了增强数据透视表的视觉效果，用户可以对数据透视表进行样式选择、值字段设置等操作。具体操作如下。

（1）将光标定位于数据透视表的任意单元格中，切换到"数据透视表工具|设计"选项卡，单击"数据透视表样式"功能组的"其他"下拉按钮，从弹出的下拉列表中选择"数据透视表样式浅色 14"选项，如图 10-16 所示。

（2）此时可以在工作表中看到应用了指定数据透视表样式后的表格，效果如图 10-17 所示。

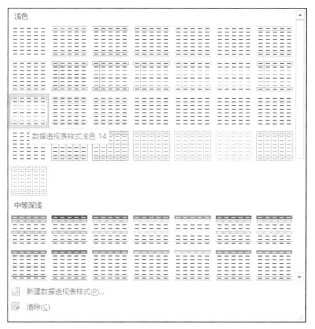

图10-16　"数据透视表样式"下拉列表

	A	B	C	D	E	F	G	H	I
1									
2									
3	求和项:销售额	列标签 ▼							
4	行标签 ↓	冰箱	电视	计算机	空调	热水器	洗衣机	平均销售额	总计
5	郑州分公司	￥432218	￥692934	￥3111988.8	￥338076	￥388798	￥161385	￥854233.3	￥5979633.1
6	上海分公司	￥155011	￥723844	￥2951135.4	￥574106	￥463110	￥169711	￥839486.2333	￥5876403.633
7	重庆分公司	￥189391	￥590044	￥2853624.6	￥304483	￥502739	￥240577	￥780143.1	￥5461001.7
8	南宁分公司	￥260650	￥305310	￥2966292.47	￥312364	￥177557	￥414420	￥739432.245	￥5176025.715
9	北京总公司	￥289490	￥596919	￥21742246	￥264164	￥216593	￥183807	￥683116.2667	￥4781813.867
10	广州分公司	￥272676	￥280808	￥2039434.66	￥296226	￥632501	￥106152	￥604632.9433	￥4232430.603
11	长沙分公司	￥371414	￥472242	￥2146110.52	￥317416	￥215888	￥75418	￥599748.0867	￥4198236.607
12	总计	￥1970850	￥3662101	￥18242811.05	￥2780335	￥2597186	￥1351470	￥5100792.18	￥35705545.23

图10-17　应用指定数据透视表样式后的效果

（3）在"数据透视表工具|设计"选项卡中，勾选"数据透视表样式选项"功能组中的"镶边列"和"镶边行"复选框，如图10-18所示，实现数据透视表中的行、列镶边效果。

图10-18　"数据透视表样式选项"功能组

（4）双击单元格 A4（即"行标签"单元格），修改其文本内容为"分部"，双击单元格 B3（即"列标签"单元格），修改其文本内容为"商品类别"。

（5）在"数据透视表字段"窗格中单击"求和项:销售额"下拉按钮，从弹出的下拉列表中选择"值字段设置"选项，如图10-19所示。打开"值字段设置"对话框，如图10-20所示。

（6）单击"数字格式"按钮，弹出"设置单元格格式"对话框，在"数字"选项卡中选择"数值"选项，设置"小数位数"为"2"，勾选"使用千位分隔符"复选框，如图10-21所示。单击"确定"按钮，返回"值字段设置"对话框，然后单击"确定"按钮，返回工作表，完成数据透视表中单元格的数值格式设置。

图10-19　"值字段设置"选项

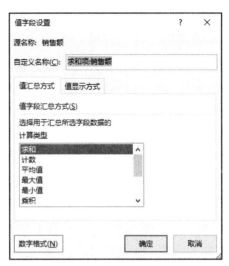

图10-20　"值字段设置"对话框

图10-21　"设置单元格格式"对话框

（7）选中整个数据透视表，切换到"开始"选项卡，单击"对齐方式"功能组中的"居中"按钮，对齐表格中的数据，效果如图 10-1 所示。

（8）将"Sheet2"工作表重命名为"2024 年销售数据透视分析"，然后保存，任务完成。

10.3　任务小结

本任务通过分析公司销售情况，讲解了 Excel 2016 中数据透视表的创建、数据透视表的值字段设置、数据透视表的数据排序等内容。在实际操作中读者还需要注意以下内容。

（1）数据透视表是从数据库中生成的动态总结报告（其中数据库可以来自工作表，也可以来自其他外部文件）。数据透视表用一种特殊的方式显示一般工作表的数据，能够更加直观、清晰地显示复杂的数据。

需要注意的是，并不是所有的数据都可以用于创建数据透视表，汇总的数据必须包含字段、数据记录和数据点。在创建数据透视表时一定要选择 Excel 能处理的数据库文件。

（2）Excel 2016 提供了"推荐的数据透视表"功能。此功能可以根据所选表格内容列举不同字段布局的数据透视表，如图 10-22 所示。用户可以根据自己的实际需要选择合适的数据透视表。

图10-22　"推荐的数据透视表"对话框

（3）在"数据透视表字段列表"窗格的下方有 4 个字段列表，它们的名称分别为"筛选器""列""行""值"。它们分别代表了数据透视表的 4 个区域。

数值字段默认会被归类进"值"字段列表。文本字段默认会被归类进"行"字段列表。"筛选器"和"列"如需改变默认的归类方式，需要手工拖动字段。

（4）数据透视图是一个和数据透视表链接的图表，它以图形的形式展现数据透视表中的数据。数据透视图是一个交互式的图表，用户只需要改变数据透视图中的字段就可以显示不同数据。当数据透视表中的数据发生变化时，数据透视图也将随之发生变化；当数据透视图发生变化时，数据透视表也将随之发生变化。以本任务中的数据透视表数据为例，数据透视图的创建操作如下。

① 将光标定位于数据透视表的任意单元格中，切换到"数据透视表工具|分析"选项卡，在"工具"功能组中单击"数据透视图"按钮，如图 10-23 所示。

图10-23　"数据透视图"按钮

② 在弹出的"插入图表"对话框中，选择"簇状柱形图"选项，如图 10-24 所示。

③ 单击"确定"按钮，返回工作表，即可看到 Excel 2016 根据数据透视表自动创建了数据透视图，如图 10-25 所示。

④ 单击数据透视图中的"分部"下拉按钮，在弹出的下拉列表中取消勾选"郑州分公司""重庆分公司""南宁分公司""长沙分公司"复选框，如图 10-26 所示。单击"确定"按钮，即可看到数据透视图中显示了

筛选出的信息，如图 10-27 所示。

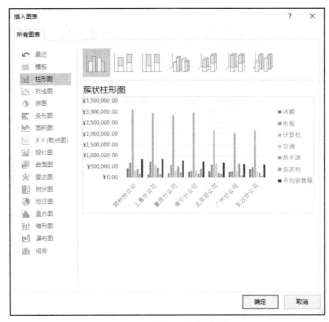

图10-24　"插入图表"对话框

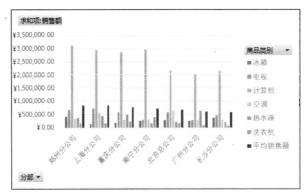

图10-25　创建完成的数据透视图

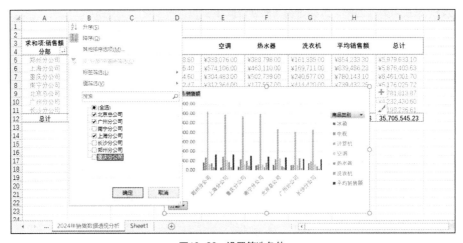

图10-26　设置筛选条件

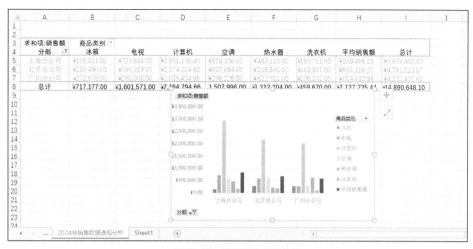

图10-27　设置筛选后的效果

（5）当刷新数据透视表出现外观改变或无法刷新的情况时，处理的方法有两种：第一种是检查数据库的可用性，确保系统仍然可以连接外部数据库并能查看数据；第二种是检查源数据库的更改情况。

10.4　经验技巧

10.4.1　更改数据透视表的数据源

当数据透视表的数据源位置发生移动或其内容发生变动时，原来创建的数据透视表不能真实地反映现状，需要重新设定数据透视表的数据源，可进行如下操作。

（1）将光标定位于数据透视表的单元格区域中。

（2）切换到"数据透视表工具|分析"选项卡，在"数据"功能组中单击"更改数据源"下拉按钮，从弹出的下拉列表中选择"更改数据源"选项，如图 10-28 所示。

（3）在弹出的"更改数据透视表数据源"对话框（见图 10-29）中，选择新的"表/区域"即可。

图10-28　"更改数据源"选项

图10-29　"更改数据透视表数据源"对话框

10.4.2　更改数据透视表的报表布局

Excel 2016 有"以压缩形式显示""以大纲形式显示""以表格形式显示"3 种报表布局的样式。其中"以压缩形式显示"样式为数据透视表的默认样式。

在本任务中，如将"品牌"拖动到"行"字段列表中，数据透视表将默认显示为"以压缩形式显示"样式，如图 10-30 所示。

求和项:销售额 分部	商品类别	冰箱	电视	计算机	空调	热水器	洗衣机	平均销售额	总计
⊟郑州分公司		¥432,218.00	¥692,934.00	¥3,111,988.80	¥338,076.00	¥388,798.00	¥161,385.00	¥854,233.30	¥5,979,633.10
A.O.史密斯						¥108,984.00		¥18,164.00	¥127,148.00
Apple				¥2,150,006.80				¥358,334.47	¥2,508,341.27
LG			¥149,401.00					¥24,900.17	¥174,301.17
TCL					¥58,080.00			¥9,680.00	¥67,760.00
艾美特								¥0.00	¥0.00
安仕							¥3,712.00	¥1,452.00	¥10,164.00
奥克斯					¥13,674.00			¥2,279.00	¥15,953.00
奥马		¥52,704.00						¥8,784.00	¥61,488.00
奔腾								¥0.00	¥0.00
创维								¥0.00	¥0.00
戴尔				¥446,632.00				¥74,438.67	¥521,070.67
德尔玛								¥0.00	¥0.00
格兰仕					¥56,970.00		¥26,973.00	¥13,990.50	¥97,933.50
格力								¥0.00	¥0.00
海尔		¥246,592.00				¥50,516.00	¥27,972.00	¥54,180.00	¥379,260.00
海信			¥184,542.00		¥209,352.00			¥65,649.00	¥459,543.00

图10-30　"以压缩形式显示"样式的数据透视表

如要更改报表布局，可进行如下的操作。

（1）单击数据透视表单元格区域的任意单元格。

（2）切换到"数据透视表工具|设计"选项卡，在"布局"功能组中单击"报表布局"下拉按钮，从弹出的下拉列表中选择"以表格形式显示"选项，如图 10-31 所示。数据透视表即可实现报表布局的更改，如图 10-32 所示。

图10-31　"报表布局"下拉列表

图10-32　更改报表布局后的数据透视表

10.4.3 快速取消"总计"列

在创建数据透视表时，默认情况下会自动生成"总计"列，有时此列并没有实际的意义，要将其取消可进行如下的操作。

（1）单击数据透视表单元格区域的任意单元格。

（2）切换到"数据透视表工具|设计"选项卡，在"布局"功能组中单击"总计"下拉按钮，在弹出的下拉列表中选择"仅对列启动"选项，如图 10-33 所示。此时可快速取消"总计"列。

图10-33 "总计"下拉列表

10.4.4 使用切片器快速筛选数据

切片器是 Excel 2016 的一项可用于筛选数据透视表中数据的强大功能，切片器在进行数据筛选方面有很大的优势。切片器能够快速地筛选出数据透视表中的数据，而无须打开下拉列表查找要筛选的项目。以本任务中的数据透视表为例，使用切片器进行筛选的操作如下。

（1）单击数据透视表单元格区域的任意单元格。

（2）切换到"数据透视表工具|分析"选项卡，在"筛选"功能组中单击"插入切片器"按钮，如图 10-34 所示。

（3）在打开的"插入切片器"对话框中，勾选"分部"复选框，如图 10-35 所示。弹出"切片器"窗口，单击窗口中的各个分部，即可快速筛选数据透视表中数据，如图 10-36 所示。

图10-34 "插入切片器"按钮

图10-35 "插入切片器"对话框

图10-36　使用切片器筛选的效果

10.5　AI 加油站：认识 GPT Excel 和 Ajelix 数据处理工具

10.5.1　认识 GPT Excel

GPT Excel 是一款 AI 工具，它可以轻松生成和解释 Excel，生成电子表格公式、SQL（Structured Query Language）查询、App 脚本和 VBA（Visual Basic for Applications）脚本。

10.5.2　认识 Ajelix

Ajelix 是适用于 Excel 表格的一款高级数据可视化 AI 工具，旨在优化工作流程。它包括 Excel 公式生成器、Excel 公式解释器、Excel VBA 脚本解释器等工具。这些工具利用 AI 来帮助用户自动化完成任务，如生成公式、解释代码、翻译文件以及提高电子表格工作的效率。

10.6　拓展训练

打开"员工考勤表.xlsx"，进行以下操作。
（1）统计出不同部门的迟到、缺席、早退的总次数，以及各种出勤情况占总情况的百分比。
（2）为数据透视图应用一种样式。
（3）对数据透视图中的数据按缺席天数进行降序排序。效果如图 10-37 所示。

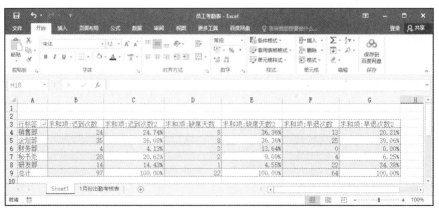

图10-37　完成后的效果

任务 11

创客学院演示文稿制作

11.1 任务简介

11.1.1 任务要求与效果展示

创客学院需要完成一场"创新创业教育的经验分享"专题汇报，下面为汇报的文稿。现要求通过分析明确逻辑，制作汇报的演示文稿。

标题：创客学院——创新创业教育的经验分享

汇报背景：挑战和机遇。

挑战：创新创业的意义不明确；拔苗助长"创业热"风险高；创新创业服务资源分配不均衡；大数据的支撑供给不足。

机遇：国家的政策环境利好消息越来越多；各级地方政府采取扶持政策与措施；区域经济社会发展越来越好。

一、创新创业大背景

党的二十大报告中强调实施科教兴国战略，强化现代化建设人才支撑，教育、科技、人才是全面建设社会主义现代化国家的基础性、战略性支撑。必须坚持科技是第一生产力、人才是第一资源、创新是第一动力，深入实施科教兴国战略、人才强国战略、创新驱动发展战略，开辟发展新领域新赛道，不断塑造发展新动能新优势。

2015 年全面深化高校创新创业教育改革；2017 年普及创新创业教育形成一批制度成果；2020 年建立健全创新创业教育体系；2022 年创新创业成果初显。

转变一：由创新创业教育与专业教育"两张皮"，向有机融合的转变。

转变二：由注重知识传授向注重创新精神、创业意识和创新创业能力培养的转变。

转变三：由单纯面向有创新创业意愿的学生向全体学生的转变。

二、创客学院介绍

落实双创精神，提供双创平台。创客学院内设教学与讲师管理部、学生与活动管理部等机构，开设精英班、卓越班、国际班等专门强化训练班级，是开展创新创业教育的重要载体和实践平台。

立足实战修炼，培养精英创客。创客学院面向全体在校大学生、社会人员等，以培养创业意识、创业精神和创业能力为目标，以培育创新创业优秀人才和团队为根本任务，全面、系统地开展创新创业教育、培训和实践。

三、创客招揽与素质提升

创客生源：多种生源，全年招生，精准招生，政策支持，全员发动。

就业创业：提高就业率，提高就业质量，鼓励学生创业，打造创业基地。

创新创业是系统工程，创新创业教育贯穿教育教学的全过程。

（1）深化教育教学改革：创新人才培养模式，改革教学内容、方法和手段，改革课程。

（2）提高课堂教学质量：学情分析与课程标准把握结合，理论与实践结合，教与学结合，传统教学与信息化教学结合，学会与会学结合。

（3）提升实践创新能力：开放实训室、技能大赛、第二课堂、大学生创新创业基地等。

（4）提升其他素质：思想道德素质、职业素质、人文素质、身体和心理素质等。

四、课程体系与平台应用

1. 校企联合：共建"三层递进"双创课程体系

双创意识启蒙教育：创新创业教育与通识教育相融合。双创实践强化教育：创新创业教育与专业教育相融合。双创精英专门教育：创新创业教育与专门教育相融合。

2. 专创结合：构建"四位一体"双创实践平台

具体措施包括做专实习实训项目、做精科技创新项目、做优大创计划项目和做亮双创大赛项目。

3. 社会服务：加强课程团队建设，积极发挥平台作用

科研队伍建设：学校、院系二级管理，专职科研人员队伍和团队建设亟待加强。

发挥平台作用：以省级平台为载体，带动、辐射其他科研项目和队伍。

加大社会培训力度：每个院系都要有社会培训任务，培训项目和培训人次要逐年递增。

五、搭建双创孵化基地

学校层面构建众创空间。二级学院层面各显所长、各显神通：食品学院建立烘焙工坊，药学院建立老百姓大药房，制药学院建立制药厂，酒店学院建立食苑宾馆，财贸学院建立智慧物流园，健康学院建立中医养生馆，机电工程学院建立智造体验中心，信息工程学院建立食药文创空间。校外园区层面在留学生创业园、猪八戒创意产业园、软件园、国家大学科技园、清城创意谷等都构建了双创孵化基地。

六、取得主要成效展示

在产品输出方面，开发多项产品进入市场，通过展会平台推荐产品；在持续助力方面，响应政策号召，提供后续技术支持与市场顾问服务；在企业培育方面，培育多家江苏省科技型中小企业，取得优异成绩。

依据本任务设计，实现的最终效果如图 11-1 所示。

（a）封面页   （b）挑战

（c）机遇   （d）目录页

图11-1　本任务最终实现效果（部分）

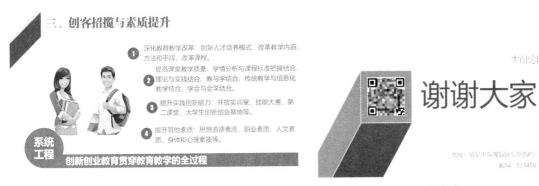

（e）内容页　　　　　　　　　　　　　（f）封底页

图11-1　本任务最终实现效果（部分）（续）

 素养小贴士

"互联网+"大学生创业创新大赛

我国的"互联网+"大学生创新创业大赛，旨在深化高等教育综合改革，激发大学生的创造力，培养造就"大众创业、万众创新"的主力军；推动赛事成果转化，促进"互联网+"新业态形成，服务经济提质增效升级；以创新引领创业、创业带动就业，推动高校毕业生更高质量创业就业。

11.1.2　任务目标

知识目标：

➢ 了解演示文稿的设计思路；

➢ 了解演示文稿中各媒体元素的作用。

技能目标：

➢ 掌握演示文稿页面设置的方法；

➢ 掌握插入文本及设置文本的方法；

➢ 掌握插入图片与图文混排的方法；

➢ 掌握插入形状及设置格式的方法；

➢ 掌握图文混排的 CRAP 原则。

素养目标：

➢ 加强创新创业意识；

➢ 提高分析问题、解决问题的能力。

11.2　任务实施

本任务的演示文稿主要采用扁平化的设计，任务中主要应用页面设置，插入与设置文本、图片、形状等功能，实现图文混排。

11.2.1　演示文稿框架策划

本任务的演示文稿采用说明式框架结构，如图 11-2 所示。

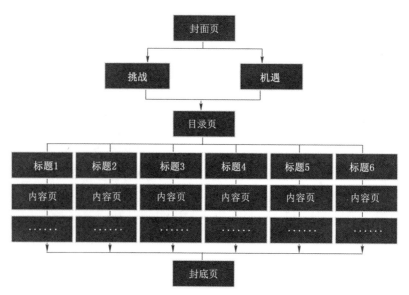

图11-2　本任务的演示文稿框架结构

11.2.2　演示文稿页面草图设计

整个页面的布局结构如图 11-3 所示。

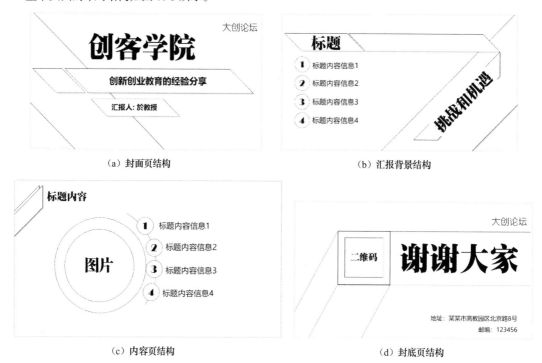

图11-3　页面的布局结构分析设计

11.2.3　创建文件并设置幻灯片大小

选择"开始"→"PowerPoint 2016"命令，进入 PowerPoint 2016 工作页面，如图 11-4 所示，新创建一个演示文稿文档。

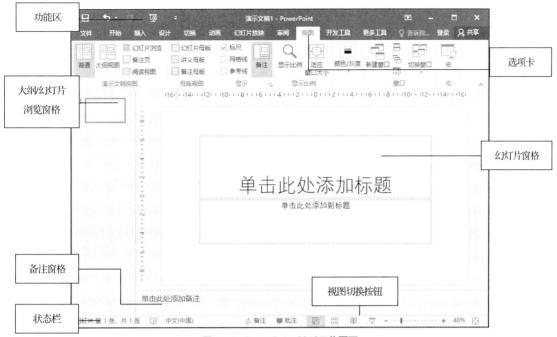

图11-4　PowerPoint 2016工作页面

执行"文件"→"另存为"→"浏览"命令，打开"另存为"对话框，将文件保存为"创新创业教育的经验分享.pptx"。

选择"设计"选项卡，在"设计"功能组中选择"幻灯片大小"下拉列表中的"自定义幻灯片大小"选项，如图 11-5 所示。弹出"幻灯片大小"对话框，"幻灯片大小"对话框中的设置如图 11-6 所示，"宽度"为"33.867 厘米"，"高度"为"19.05 厘米"。

图11-5　幻灯片大小设置

图11-6　"幻灯片大小"对话框

注意根据展示的具体情况来调整幻灯片比例，例如，需要展示到 5:1 的宽数字屏幕上时，可以在弹出的"幻灯片大小"对话框中，自定义"宽度"为"50 厘米"，"高度"为"10 厘米"，或者"宽度"为"100 厘米"，"高度"为"20 厘米"。

11.2.4　封面页的制作

从图 11-3 所示页面的布局结构分析设计中的"封面页结构"设计，能看出封面页设计的重点是插入形状并编辑，具体方法与步骤如下。

（1）切换到"插入"选项卡，单击选项卡中"形状"下拉按钮，选择弹出的下拉列表中"矩形"栏的"矩形"按钮，如图 11-7 所示，在页面中拖动鼠标指针绘制一个矩形，如图 11-8 所示。

> 微课
>
> 封面页的制作

图11-7 插入矩形

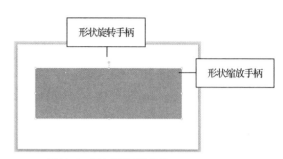

图11-8 插入矩形后的效果

（2）双击矩形，切换至"绘图工具 | 格式"选项卡，如图 11-9 所示。

图11-9 矩形的"绘图工具 | 格式"选项卡

（3）单击"形状填充"下拉按钮，此时弹出"形状填充"下拉列表，如图 11-10 所示。选择"其他填充颜色"选项，弹出"颜色"对话框，选择"自定义"选项卡，设置矩形的填充颜色的"颜色模式"为"RGB"，设置"红色"为"10"，"绿色"为"86"，"蓝色"为"169"，如图 11-11 所示。设置完成后，矩形效果如图 11-12 所示。

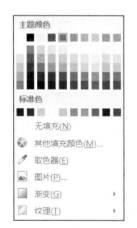

图11-10 "形状填充"下拉列表

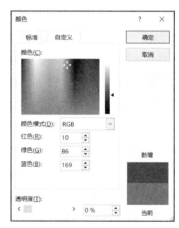

图11-11 自定义填充颜色

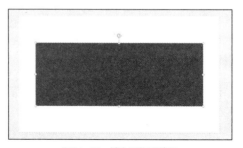

图11-12 填充后矩形效果

（4）单击"形状轮廓"下拉按钮，此时弹出"形状轮廓"下拉列表，如图 11-13 所示，选择"无轮廓"选项，清除矩形的边框效果。

（5）选择绘制的矩形，单击绿色的"形状旋转手柄"图标，将矩形顺时针旋转 45°，同时调整矩形的位置，效果如图 11-14 所示。

图11-13　设置形状轮廓为"无轮廓"

图11-14　旋转矩形后的效果

（6）单击"插入"选项卡，选择"形状"选项，然后选择"矩形"栏中的"平行四边形"选项，在页面中拖动鼠标指针绘制一个平行四边形，设置填充颜色为橙色，调整大小与位置，效果如图 11-15 所示。

（7）双击平行四边形，切换至"绘图工具|格式"选项卡，单击"旋转"下拉按钮，在弹出的下拉列表中，选择"水平翻转"选项，如图 11-16 所示。

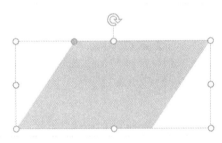

图11-15　插入的平行四边形

图11-16　选择"水平翻转"选项

（8）调整橙色平行四边形的位置，如图 11-17 所示。采用同样的方法，在页面中再绘制一个平行四边形，设置填充颜色为浅灰色，调整大小与位置，如图 11-18 所示。

图11-17　调整后的橙色平行四边形

图11-18　新插入浅灰色平行四边形后的效果

（9）双击浅灰色平行四边形，切换至"绘图工具|格式"选项卡，单击"形状效果"下拉按钮，在弹出的下拉列表中选择"阴影"→"偏移：右下"选项，如图 11-19 所示。设置阴影后的效果如图 11-20 所示。

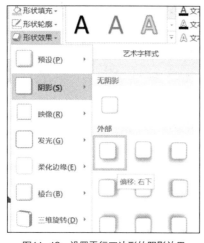

图11-19　设置平行四边形的阴影效果

图11-20　平行四边形设置阴影后的效果

（10）选择"插入"→"文本框"→"横排文本框"命令，输入文本"创新创业教育的经验分享"，在"开始"选项卡中设置字体为"微软雅黑"，字号为"36"，字体加粗，文本颜色为深蓝色，如图 11-21 所示，设置后的效果如图 11-22 所示。

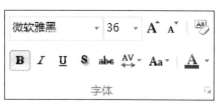

图11-21　设置文本的格式

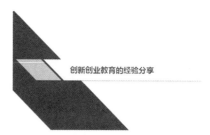

图11-22　添加文本标题后的效果

（11）采用同样的方法，输入文本"创客学院"，在"开始"选项卡中设置字号为"130"，文本颜色为深蓝色，效果如图 11-23 所示。

（12）采用同样的方法，插入新的平行四边形，插入新的文本，效果如图 11-24 所示。

图11-23　添加文本后的效果

图11-24　添加新的形状与文本后的效果

（13）在右上角添加文本"大创论坛"，在"开始"选项卡中设置字体为"幼圆"，字号为"36"，文本颜色为深蓝色，效果如图 11-1（a）所示。

11.2.5 目录页的制作

目录页设计与封面页设计基本相似，制作目录页具体方法与步骤如下。

（1）复制封面页，删除多余内容，效果如图 11-14 所示，然后复制矩形，设置填充颜色为浅蓝色，效果如图 11-25 所示，右击复制的浅蓝色矩形，在弹出的快捷菜单中选择"置于底层"命令，调整矩形的位置，效果如图 11-26 所示。

图11-25 复制并设置矩形的填充颜色

图11-26 调整矩形位置后的效果

（2）复制封面页中的浅灰色平行四边形，调整大小与位置，插入文本"目录"，在"开始"选项卡中设置字号为"36"，文本颜色为深蓝色，效果如图 11-27 所示。

（3）单击"插入"选项卡中的"形状"下拉按钮，在弹出的下拉列表中选择"基本形状"中的"三角形"选项，在页面中拖动鼠标指针绘制一个三角形，设置填充颜色为深蓝色，调整大小与位置；插入横排文本框，输入文本"01"，设置字号为"36"，颜色为深蓝色；继续插入深蓝色矩形与文本"创新创业大背景"后的效果如图 11-28 所示。

图11-27 插入目录标题后的效果

图11-28 插入目录内容后的效果

（4）复制"创新创业大背景"内容，修改序号与目录内容，效果如图 11-1（d）所示。

11.2.6 内容页的制作

内容页主要包含 6 个页面，各页面的实现效果如图 11-29 所示。

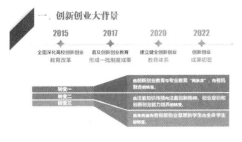

（a）双创背景页面

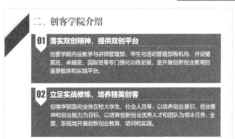

（b）学院介绍页面

图11-29 内容页的最终实现效果

（c）创客招揽与素质提升页面

（d）课程体系与平台应用页面

（e）搭建双创孵化基地页面

（f）取得主要成效展示页面

图11-29　内容页的最终实现效果（续）

　　内容页中基本都使用了图形与文本的组合来完成设计，这种方式实现的效果与封面页和目录页的效果相似，图 11-29（a）与（c）还主要运用了图片，下面以图 11-29（c）为例介绍内容页的制作过程，具体方法与步骤如下。

　　（1）执行"插入"→"形状"→"平行四边形"命令，在页面中拖动鼠标指针绘制一个平行四边形，设置填充颜色为深蓝色，设置边框为"无边框"，旋转并调整大小与位置，复制平行四边形，填充浅蓝色；插入文本"三、创客招揽与素质提升"，在"开始"选项卡中设置字体为"方正粗宋简体"，字号为"36"，文本颜色为深蓝色，效果如图 11-30 所示。

　　（2）执行"插入"→"形状"→"椭圆"命令，按<Shift>键，在页面中拖动鼠标指针绘制一个圆形，设置填充颜色为浅蓝色，设置边框为"无边框"，效果如图 11-31 所示。

图11-30　添加平行四边形与文本　　　　　　　　　　图11-31　添加圆形后的效果

　　（3）执行"插入"→"图片"命令，弹出"插入图片"对话框，选择"素材"文件夹中的"学生.png"图片，如图 11-32 所示，调整大小与位置后，页面的效果如图 11-33 所示。

　　（4）其余的效果主要通过插入图形与文本实现，在此不赘述，页面的效果如图 11-29（c）所示。

图11-32 "插入图片"对话框   图11-33 插入图片后的效果

11.2.7 封底页的制作

微课

封底页的制作

从图 11-3 所示的页面的布局结构分析设计中"封底页结构"的设计，可以得出封底页设计的重点是形状、图片与文本的混排。由于已经介绍了形状的插入、文本的设置等，所以在此只做简单的步骤介绍。

（1）使用插入形状的方法插入两个平行四边形，如图 11-34 所示，然后插入两个颜色分别为浅蓝色和浅灰色的矩形，如图 11-35 所示。

图11-34 插入平行四边形   图11-35 插入两个矩形

（2）为了增强立体感，在两个平行四边形处绘制白色的线条，如图 11-36 所示，插入"素材"文件夹中的"二维码.png"图片，如图 11-37 所示。

图11-36 线条的应用   图11-37 插入二维码图片后的效果

（3）插入其他文本内容，页面的效果如图 11-1（f）所示。

11.3 任务小结

本任务通过介绍一份汇报演示文稿的制作过程，为读者介绍了页面设置的方法，插入文本、图片、形状的步骤，并带领读者通过编辑实现想要的效果。

11.4　经验技巧

微课

演示文稿文本的排版与字体巧妙使用

11.4.1　演示文稿文本的排版与字体巧妙使用

演示文稿中文本的应用要主次分明。在文字的内容方面，呈现主要的关键词、观点即可。在文本的排版方面，文本之间的行距最好控制在 125%~150%。

西文的字体分类方法将字体分为两类：衬线字体和无衬线字体。实际上该方法对于汉字的字体分类也是适用的，汉字字体不包含书法体。

1．衬线字体

衬线字体在笔画开始和结束处有额外的装饰，而且笔画的粗细有所不同。衬线字体的文本细节较复杂，较注重文本与文本的搭配和区分，在纯文本的演示文稿中表现较好。

常用的衬线字体有宋体、楷体、隶书、粗倩、粗宋、舒体、姚体、仿宋体等，如图 11-38 所示。使用衬线字体作为页面标题的字体时，有优雅、精致的感觉。

图11-38　衬线字体

2．无衬线字体

无衬线字体的笔画没有装饰、粗细接近，文本细节简洁，字与字的区分不是很明显。相对于衬线字体的手写感，无衬线字体的人工设计感比较强，时尚而有力量，稳重而不失现代感。无衬线字体更注重段落与段落、文本与图片的配合区分，在图表类型演示文稿中表现较好。

常用的无衬线字体有黑体、微软雅黑、幼圆、综艺简体、汉真广标、细黑等，如图 11-39 所示。使用无衬线字体作为页面标题的字体时，有简练、明快、爽朗的感觉。

图11-39　无衬线字体

3．书法字体

书法字体就是书法风格的字体。传统书法字体主要有行书字体、草书字体、隶书字体、篆书字体和楷书字体 5 种，也就是 5 个大类。在每一大类中又细分若干小类，如篆书有大篆、小篆之分，楷书有魏碑、唐楷之分，草书有章草、今草、狂草之分。

演示文稿常用的书法字体有苏新诗柳楷、迷你简启体、迷你简祥隶、叶根友毛笔行书等，如图 11-40 所示。书法字体常被用在封面、封底，用来表达具有传统文化风格或富有艺术气息的内容。

图11-40　书法字体

4．字体的经典搭配

经典搭配 1：方正综艺体（标题）+微软雅黑（正文）。此搭配适用于课题汇报、咨询报告、学术报告等正式场合，如图 11-41 所示。

方正综艺体有足够的分量，微软雅黑足够饱满，两者结合能让画面显得庄重、严谨。

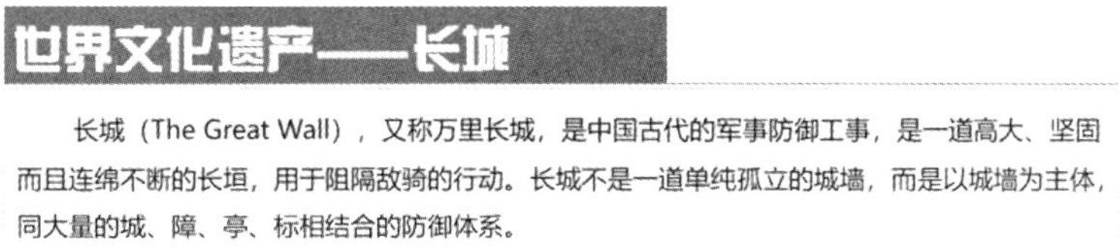

世界文化遗产——长城

长城（The Great Wall），又称万里长城，是中国古代的军事防御工事，是一道高大、坚固而且连绵不断的长垣，用于阻隔敌骑的行动。长城不是一道单纯孤立的城墙，而是以城墙为主体，同大量的城、障、亭、标相结合的防御体系。

图11-41　方正综艺体（标题）+微软雅黑（正文）

经典搭配2：方正粗宋简体（标题）+微软雅黑（正文）。此搭配适用于会议之类的严肃场合，如图11-42所示。

方正粗宋简体是会议场合经常使用的字体，它庄重严谨、铿锵有力，可以让画面显得威严与规范。

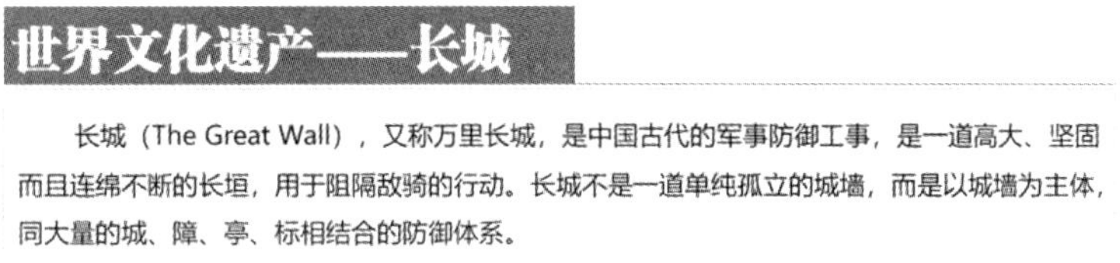

世界文化遗产——长城

长城（The Great Wall），又称万里长城，是中国古代的军事防御工事，是一道高大、坚固而且连绵不断的长垣，用于阻隔敌骑的行动。长城不是一道单纯孤立的城墙，而是以城墙为主体，同大量的城、障、亭、标相结合的防御体系。

图11-42　方正粗宋简体（标题）+微软雅黑（正文）

经典搭配3：方正粗倩简体（标题）+微软雅黑（正文）。此搭配适用于企业宣传、产品展示之类的场合，如图11-43所示。

方正粗倩简体不仅有分量，而且有几分温柔与洒脱，让画面显得足够鲜活。

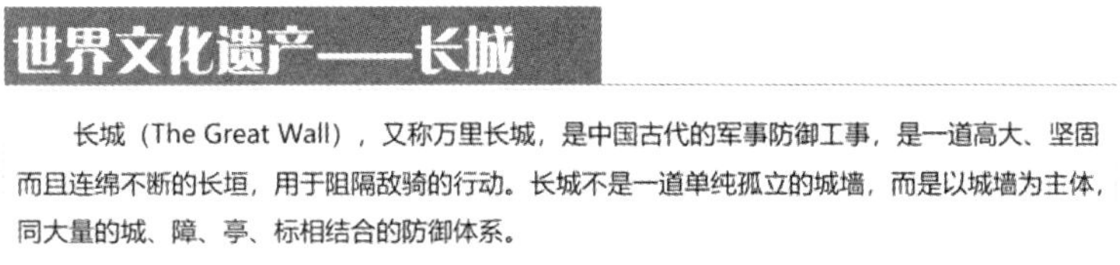

世界文化遗产——长城

长城（The Great Wall），又称万里长城，是中国古代的军事防御工事，是一道高大、坚固而且连绵不断的长垣，用于阻隔敌骑的行动。长城不是一道单纯孤立的城墙，而是以城墙为主体，同大量的城、障、亭、标相结合的防御体系。

图11-43　方正粗倩简体（标题）+微软雅黑（正文）

经典搭配4：方正卡通简体（标题）+微软雅黑（正文）。此搭配适用于卡通、动漫等活泼场合，如图11-44所示。

方正卡通简体轻松、活泼，能增加画面的生动感。

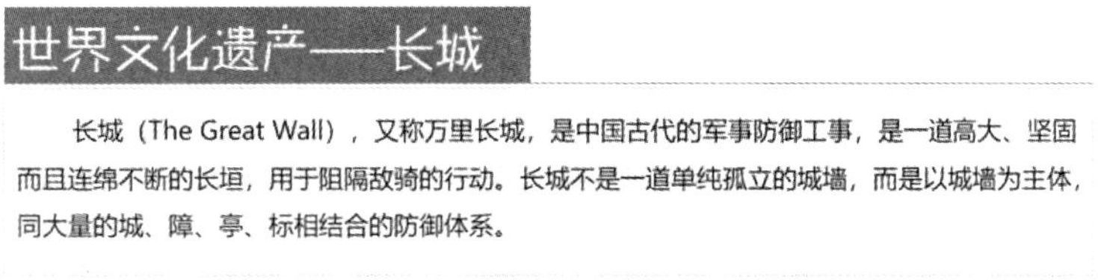

世界文化遗产——长城

长城（The Great Wall），又称万里长城，是中国古代的军事防御工事，是一道高大、坚固而且连绵不断的长垣，用于阻隔敌骑的行动。长城不是一道单纯孤立的城墙，而是以城墙为主体，同大量的城、障、亭、标相结合的防御体系。

图11-44　方正卡通简体（标题）+微软雅黑（正文）

此外，读者还可以使用微软雅黑（标题）+楷体（正文）、微软雅黑（标题）+宋体（正文）等搭配。

11.4.2　图片效果的应用

演示文稿有强大的图片处理功能，下面介绍其中一些图片处理功能。

微课

图片效果的应用

1. 图片相框效果

演示文稿在图片样式中提供了一些精美的相框，实现图片相框效果的具体方法如下。

打开 PowerPoint 2016，插入素材图片"晨曦.jpg"，双击图片，然后设置"图片边框"：边框颜色为白色，边框粗细为 6 磅。设置"图片效果"中的"阴影"为"偏移:中"，实现自定义边框，如图 11-45 所示，复制图片并对其进行移动与旋转，效果如图 11-46 所示。

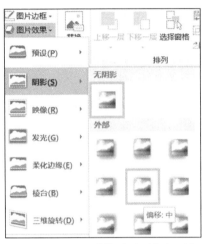

图11-45　设置"图片效果"为"偏移：中"

图11-46　相框效果

2. 图片映像效果

图片映像效果是图片立体化的一种体现，运用图片映像效果，可以给人更加强烈的视觉冲击。要设置图片映像效果，可以选中素材图片（"黄山迎客松.jpg"）后，选择"格式"选项卡下"图片样式"功能组中"图片效果"下拉列表中的"映像"选项，然后选择合适的图片映像效果即可（紧密映像：4 磅偏移量），如图 11-47 所示，设置恰当的距离与映像即可，效果如图 11-48 所示。

图11-47　设置"图片效果"为"紧密映像:4磅 偏移量"

图11-48　映像效果

在细节的设置方面，读者可以右击图片，在弹出的快捷菜单中选择"设置图片格式"命令，在"设置图片格式"窗格中可以对映像的透明度、大小等细节进行设置。

3. 快速实现图片三维效果

图片三维效果是图片立体化最突出的表现形式之一，实现该效果的方法如下。

选中素材图片（"黄山迎客松.jpg"）后，选择"图片工具 | 格式"选项卡下"图片样式"功能组中"图

片效果"下拉列表中的"三维旋转"选项，选择"透视"栏下方的"右透视"选项，右击选择图片，在弹出的快捷菜单中选择"设置图片格式"命令，打开"设置图片格式"窗格，在"三维旋转"栏中设置"X 旋转"为"320°"（见图 11-49），最后，设置"映像"效果，最终的效果如图 11-50 所示。

图11-49　"设置图片格式"窗格

图11-50　图片三维效果

4. 利用裁剪实现个性形状

在演示文稿中插入的图片的形状一般是矩形，通过裁剪功能可以将图片更改成任意的自选形状，以适应多图排版。

单击素材图片"晨曦.jpg"，单击"裁剪"按钮，设置"纵横比"为"1∶1"，调整位置，便可以将素材图片裁剪为正方形。

选择"图片工具格式"选项卡下"大小"功能组中"裁剪"下拉列表中的"裁剪为形状"→"泪滴形"选项（见图 11-51），裁剪后的效果如图 11-52 所示，

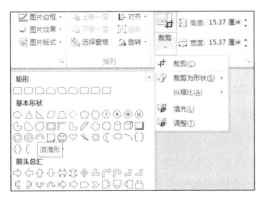

图11-51　设置"裁剪为形状"为"泪滴形"

图11-52　裁剪后的效果

5. 给形状填充图片

当有些形状在"裁剪"下拉列表中没有时，读者可以通过先"绘制形状"，然后"填充图片"的方式来实现特定形状的图片。需要注意的是，绘制的形状和将要填充的图片的长宽比务必保持一致，否则会导致图片扭曲变形，从而使图片不够美观。图片填充后的效果如图 11-53 所示。选择形状，右击形状，在弹出的快捷菜单中选择"设置图片格式"命令，打开"设置图片格式"窗格，在"填充"栏中选择"图片或纹理填充"单选按钮，在"插入图片来自"栏下方单击"文件"按钮，选择要插入的图片即可，如图 11-54 所示。

图11-53　图片填充后的效果　　　　　　图11-54　设置填充方式

插入完成后，还可以设置相关的其他参数，可以根据需要自己设置。

6. 给文本填充图片

为了使标题文本更加美观，读者还可以将图片填充到文本内部，效果如图 11-55 所示，具体方法与给形状填充图片的方法相似。

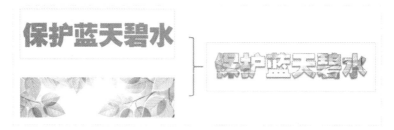

图11-55　图片填充文本后的效果

11.4.3　多图排列技巧

当一页幻灯片中有天空与大地两张图片时，把天空放到大地的上方，这样更协调，如图 11-56 所示；当有两张大地的图片时，将两张图片中的地平线放在同一直线上，则两张图看起来就像一张图片一样，比较和谐，如图 11-57 所示。

微课

多图排列技巧

大地在上，天空在下，不合常理　　　　　天为上，地为下，和谐自然

图11-56　天空在上，大地在下

图11-57　两张大地图片中的地平线一致

对于多张人物图片，将人物的眼睛置于同一水平线上时看起来是很舒服的。这是因为当我们在面对一个人时一般会先看他的眼睛，当这些人物的眼睛处于同一水平线时，视线在多张图片间的移动就是平稳、流畅的，如图 11-58 所示。

图11-58　多个人物的眼睛在一条水平线上

另外，我们的视线的移动实际是沿着图片中人物视线的方向的，所以，处理好图片中人物的视线与演示文稿内容的位置关系非常重要，如图 11-59 所示。

图11-59　演示文稿内容在人物视线的方向

将单个人物与文本排版时，人物的视线应朝向文本。使用两个人物时，两人视线相对，可以营造和谐的氛围。

11.4.4　演示文稿设计的 CRAP 原则

CRAP 是由罗宾·威廉斯（Robin Williams）提出的 4 项基本设计原则，主要提炼为 Contrast（对比）、Repetition（重复）、Alignment（对齐）、Proximity（亲密性）4 项基本原则。

微课

设计的 CRAP 原则

原演示文稿效果如图 11-60 所示。运用"粗宋简体（标题）+微软雅黑（正文）"的字体搭配后的效果如图 11-61 所示。

图11-60　原演示文稿效果

图11-61　运用"粗宋简体（标题）+微软雅黑（正文）"后的效果

下面介绍运用 CRAP 原则（按 P、A、R、C 顺序介绍）改善这个演示文稿的效果。

1. 亲密性

彼此相关的元素应当靠近，使它们成为一个视觉单元，而不是散落的孤立元素，从而降低混乱度。要有意识地注意浏览者（自己）是怎样阅读的，视线怎样移动，从而确定元素的位置。

目的：实现元素的紧凑组织，使页面留白更美观。

实现：将页面同类元素或紧密相关的元素，依据逻辑相关性归组合并。

注意：不要只因为有页面留白就把元素放在角落或者中部，避免一个页面上有太多孤立元素，不要在元素之间留同样大小的空白，除非各组元素同属于一个子集，不属于一组的元素之间不要建立紧凑的群组关系！

优化：页面内容中包含 3 个部分，标题为"大规模开放在线课程"，其下包含两个部分，中国大学 MOOC（慕课）平台介绍、学堂在线平台介绍；根据"亲密性"原则，让相关联的元素互相靠近；注意，在调整内容时，标题　"大规模开放在线课程"与"中国大学 MOOC（慕课）"，以及"中国大学 MOOC（慕课）"与"学堂在线"之间的间距要相等，而且间距一定要足够大，能够让浏览者清楚地感觉到，这个页面分为 3 个部分，页面效果如图 11-62 所示。

2. 对齐

任何元素都不能在页面上随意摆放，每个元素都与页面上的另一个元素有某种视觉联系（例如并列关系），可运用"对齐"原则设计一种清晰、精美且清爽的外观。

目的：使页面统一而且有条理，不论是设计精美的、正式的、有趣的还是严肃的外观，通常都可以利用一种明确的对齐方式来完成。

实现：特别注意元素放在哪里，在页面上找出与之对齐的元素。

图11-62　运用"亲密性"原则修改后的效果

注意：避免在页面上混合使用多种文本对齐方式，尽量避免居中对齐，除非有意实现一种比较正式、稳重的效果。

优化：运用"对齐"原则，将"大规模开放在线课程"与"中国大学 MOOC（慕课）""学堂在线"内容对齐，将"中国大学 MOOC（慕课）""学堂在线"中的图片左对齐，将"中国大学 MOOC（慕课）""学堂在线"的内容左对齐，将图片与内容顶端对齐，最终达到清晰、精美、清爽的效果，效果如图 11-63 所示。

图11-63　运用"对齐"原则修改后的效果

技巧：在实现对齐的过程中可以使用"视图""显示"功能组中的"标尺""网格线""参考线"来辅助对齐，例如，图 11-63 中的虚线就是通过"参考线"选项卡实现的。也可以使用"开始""绘图"功能组的"排列"，实现元素的"左对齐""右对齐""水平居中""顶端对齐""底端对齐""垂直居中"；此外，还可以使用"横向分布"与"纵向分布"实现各个元素的等间距分布。

3. 重复

当设计中的视觉要素在整个演示文稿中重复出现时，可以重复颜色、形状、材质、空间关系、线宽、字体、大小和图片，以增强条理性。

目的：统一并增强视觉效果，如果一个演示文稿的风格更统一，往往更易于读者阅读。

实现：为保持并增强页面的一致性，可以增加一些纯粹为了重复而设计的元素；创建新的重复元素，改善设计的效果并增强页面的条理性。

注意：避免过多地重复一个元素，注意体现对比性。

优化：将页面中的"大规模开放在线课程""中国大学 MOOC（慕课）""学堂在线"标题文本字体加粗，或者更换颜色；在两张图片左侧添加同样的橙色矩形；将两张图片的边框颜色修改为"橙色"；在"中国大学 MOOC（慕课）""学堂在线"水平中心位置添加一条虚线；在"中国大学 MOOC（慕课）"与"学堂在线"文本前添加图标，如图 11-64 所示；这些调整将"中国大学 MOOC（慕课）"与"学堂在线"的内容更加紧密地联系在了一起，很好地加强了页面的条理性与统一性。

图11-64　运用"重复"原则修改后的效果

4. 对比

在不同元素之间建立层级结构，让页面元素具有截然不同的字体、颜色、大小、线宽、形状等，从而改善页面的视觉效果。

目的：改善页面的视觉效果，突出重要信息。

实现：通过选择字体、线宽、颜色、形状、大小等增强对比；对比一定要强烈。

注意：不要犹豫，不要不敢加强对比，如果要形成对比，就需要加强对比。

优化：将标题文本"大规模开放在线课程"放大；还可以增加标题色块衬托，修改标题的文本颜色，例如修改为白色等。将"中国大学 MOOC（慕课）"中的"平台特色"标题文本加粗，"学堂在线"中的"清华大学的精品中文慕课平台"也同样加粗；给"中国大学 MOOC（慕课）"中的内容添加项目符号，突出层次关系，给"学堂在线"中的内容也添加同样的项目符号，如图 11-65 所示。

图11-65　运用"对比"原则修改后的效果

11.5　AI 加油站：应用 MindShow

11.5.1　认识 MindShow

MindShow 是一个用于自动生成演示文稿的在线工具，是一个智能的演示文稿生成器，它可以根据用户输入的大纲文本，通过强大的 AI 技术自动为用户生成漂亮的演示文稿页面，它内置了丰富的模板、图表和设计元素，让用户可以轻松地制作出专业级别的演示文稿。MindShow 的自动排版功能可根据输入内容智能调整布局，使得演示文稿制作过程更加便捷。用户只需要关注内容，不需要担心格式。

MindShow 的产品特点包括强大的 AI 技术支持、简单的设计和排版流程、用户友好的页面和操作、实时的预览和编辑。

11.5.2　体验 MindShow

MindShow 的使用主要包括生成大纲、编辑大纲、选择模板、填充内容和输出。

在百度搜索"MindShow"并进入其官网，使用微信扫描二维码并登录系统，如图 11-66 所示。

图11-66　登录MindShow后的页面

在图 11-66 正中间的文本框中输入文本"微课培训"，如图 11-67 所示。

图11-67　输入文本"微课培训"

单击"生成"按钮，MindShow 开始工作，它会生成"微课培训"提纲结构的内容大纲，如图 11-68 所示。

图11-68　MindShow生成提纲结构的内容大纲

单击"思维导图"按钮，内容大纲就会以思维导图的结构呈现，如图 11-69 所示。

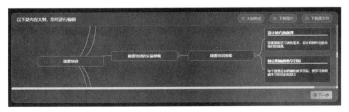

图11-69　MindShow生成思维导图结构的内容大纲

根据需要可以在大纲视图或者思维导图中修改内容，如果不需要修改，就单击"下一步"按钮进入"选择模板"页面，选择一个公共模板，页面效果如图 11-70 所示。

图11-70　选择模板

单击"下一步"按钮，就会自动生成演示文稿系列页面，如图 11-71 所示。

图11-71　生成演示文稿系列页面

关于 MindShow 的其他功能，读者可以根据需要自行尝试。

11.6　拓展训练

提炼以下内容，并根据本任务介绍的内容制作全新的演示文稿页面。

-- 举例文章 --

标题：我国著名的儿童教育家——陈鹤琴

陈鹤琴是我国著名的儿童教育家，是中国现代幼儿教育的奠基人。他于 1923 年创办了我国最早的幼儿教育实验中心——南京鼓楼幼稚园，提出了"活教育"理念，他一生致力于探索中国化、平民化、科学化的幼儿教育道路。他的主要贡献有以下几点。

（1）反对半殖民地半封建的幼儿教育，提倡适合国情的中国化幼儿教育。

（2）"活教育"理念主要有三大部分：目的论、课程论和方法论。

（3）五指活动课程的建构。

（4）重视幼儿园与家庭的合作。

-- 结束 --

依据以上内容，制作完成的页面效果如图 11-72 所示。

(a) 方案 1　　　　　　　　　　　　　　　　(b) 方案 2

(c) 方案 3　　　　　　　　　　　　　　　　(d) 方案 4

图11-72　不同方案实现的效果

任务 12

创业案例介绍演示文稿制作

12.1 任务简介

通过展示的任务要求与效果，分析任务需要实现的目标。

12.1.1 任务要求与效果展示

易百米公司作为创业成功的典型，刘经理需要将该公司作为创业案例进行汇报，公关部小王负责制作本次汇报的演示文稿。小王利用演示文稿的母版功能与基本的排版功能制作演示文稿，完成后的效果如图 12-1 所示。

（a）封面页效果

（b）目录页效果

（c）过渡页效果

（d）内容页效果 1

图12-1 创业案例介绍演示文稿的效果

（e）内容页效果　　　　　　　　　　　（f）封底页效果

图12-1　创业案例介绍演示文稿的效果（续）

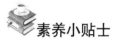

素养小贴士

工匠精神

工匠精神是一种职业精神，它是职业道德、职业能力、职业品质的体现，是从业者的一种职业价值取向和行为表现。工匠精神的基本内涵包括敬业、精益、专创新等方面的内容。

12.1.2　任务目标

知识目标：
➢　了解母版的结构；
➢　了解母版的作用。

技能目标：
➢　掌握幻灯片母版的使用方法；
➢　掌握封面页、目录页、过渡页、内容页、封底页的模板的制作方法。

素养目标：
➢　提升创新创业意识；
➢　强化团队意识和团队协作精神。

12.2　任务实施

本任务主要使用了 PowerPoint 2016 中的母版，结合任务 11 介绍的图文混排来完成整个任务，具体使用方法如下。

12.2.1　认识幻灯片母版

（1）选择"开始"→"PowerPoint 2016"命令，启动 PowerPoint 2016，新创建一个演示文稿文档，并将其命名为"易百米快递-创业案例介绍-模板.pptx"。选择"设计"选项卡，在"设计"功能组中单击"页面设置"按钮，弹出"页面设置"对话框，选择"幻灯片大小"选项，选择"自定义"，设置宽度为"33.86"厘米，高度为"19.05"厘米。

（2）选择"视图"选项卡，在"母版视图"功能组中，单击"幻灯片母版"按钮，设置幻灯片母版，如图 12-2 所示。

（3）系统会自动切换到"幻灯片母版"选项卡，如图 12-3 所示。

（4）此时，PowerPoint 2016 中提供了多种样式的母版，包括默认设计模板、标题幻灯片模板、标题与内容模板、节标题模板等。母版的基本结构如图 12-4 所示。

图12-2　设置幻灯片母版

图12-3　"幻灯片母版"选项卡

图12-4　母版的基本结构

（5）选择"默认设计模板"，在"幻灯片区域"中右击，弹出快捷菜单，选择"设置背景格式"命令，如图 12-5 所示。打开"设置背景格式"窗格，在"填充"栏中选中"渐变填充"单选按钮，设置"类型"为"线性"，"方向"为"线性向上"，"角度为""270°"，"渐变光圈"为浅灰色向白色的过渡，如图 12-6 所示。

图12-5　在弹出的快捷菜单中选择"设置背景格式"命令

图12-6　设置背景格式

（6）此时，整个母版的背景色都为自上而下的由白色到浅灰色的渐变色。

12.2.2　封面页幻灯片模板的制作

微课

封面页幻灯片模板
的制作

本页面主要采用上下结构的布局，实现方式如下。

（1）选择"标题幻灯片模板"，在"幻灯片母版"选项卡中单击"背景样式"下拉按钮（见图 12-3），弹出"设置背景格式"窗格。在"填充"栏中选中"图片或纹理填充"单选按钮，单击"文件"按钮，选择"素材"文件夹中的"封面背景.jpg"，单击"关闭"按钮，页面效果如图 12-7 所示。

（2）选择"插入"→"形状"→"矩形"命令，绘制一个矩形，设置"形状填充"为"深蓝色"（"红色"为"6"，"绿色"为"81"，"蓝色"为"146"），"形状轮廓"为"无轮廓"，复制一个矩形，然后调整填充颜色为"橙色"，分别调整两个矩形的高度，页面效果如图 12-8 所示。

图12-7　添加背景图片

图12-8　分别插入矩形

（3）选择"插入"→"图片"命令，选择"素材"文件夹中的图片"手机.png"和"物流.png"，调整图片的位置后的效果如图 12-9 所示。

（4）选择"插入"→"图片"命令，选择"素材"文件夹中的图片"logo.png"，调整图片的位置。选择"插入"→"文本框"→"横排文本框"命令，插入文本"易百米快递"，设置字号为"44"，同样插入文本"百米驿站——生活物流平台"，设置字体为"微软雅黑"，字号为"24"，调整位置后的页面效果如图 12-10 所示。

图12-9　插入图片

图12-10　插入Logo与企业名称

（5）切换到"幻灯片母版"选项卡，勾选"插入占位符"按钮右侧的"标题"复选框，设置模板的标题样式，字体为"微软雅黑"，字号为"88"，标题加粗，颜色为深蓝色，继续单击"插入占位符"按钮，设置副标题样式，字体为"微软雅黑"，字号为"28"，效果如图 12-11 所示。

（6）选择"插入"→"图片"命令，选择"素材"文件夹中的图片"电话 1.png"，调整图片的位置，输入文本"全国服务热线：400-0**0-0*0"，设置字体为"微软雅黑"，字号为"20"，颜色为"白色"，效果如图 12-12 所示。

（7）切换到"幻灯片母版"选项卡，单击"关闭母版视图"按钮，在"普通视图"下，单击占位符"母版标题样式"后，输入"创业案例介绍"，单击占位符"单击此处编辑母版副标题样式"后，输入"汇报人：刘经理"，此时的效果就是图 12-1（a）所示的效果。

图12-11　插入标题占位符

图12-12　插入电话图标与电话号码

12.2.3　目录页幻灯片模板的制作

目录页幻灯片模板的制作的具体过程如下。

（1）选择一个新的版式，删除所有占位符，在"幻灯片母版"选项卡中单击"背景样式"下拉按钮（见图 12-3），弹出"设置背景格式"窗格，在"填充"栏中选中"图片或纹理填充"单选按钮，单击"文件"按钮，选择"素材"文件夹中的"目录页背景.jpg"，单击"关闭"按钮，选择"插入"→"形状"→"矩形"命令，绘制一个深蓝色矩形，将其放置在页面最下方，页面效果如图 12-13 所示。

微课

目录页幻灯片模板的制作

（2）选择"插入"→"形状"→"矩形"命令，绘制一个矩形，设置"形状填充"为"深蓝色"（"红色"为"6"，"绿色"为"81"，"蓝色"为"146"），"形状轮廓"为"无轮廓"。输入文本"C"，设置颜色为"白色"，字体为"Bodoni MT Black"，字号为"66"；输入文本"ontents"，设置颜色为"深灰色"，字体为"微软雅黑"，字号为"24"；输入文本"目录"，设置颜色为"深灰色"，字体为"微软雅黑"，字号为"44"，调整位置后的效果如图 12-14 所示。

图12-13　设置背景与深蓝色矩形　　　　　　　　　　　　　图12-14　插入目录标题

（3）选择"插入"→"形状"→"泪滴形"命令，绘制一个泪滴形，设置"形状填充"为"深蓝色"（"红色"为"6"，"绿色"为"81"，"蓝色"为"146"），"形状轮廓"为"无轮廓"，将该泪滴形旋转 135°。选择"插入"→"图片"命令，选择"素材"文件夹中的图"logo.png"，调整图片的位置，输入文本"企业介绍"，设置颜色为"深灰色"，字体为"微软雅黑"，字号为"40"，调整其位置效果如图 12-15 所示。

（4）复制步骤（3）绘制的泪滴形，设置"形状填充"为"浅绿色"，选择"插入"→"图片"命令，选择"素材"文件夹中的图片"图标 1.png"，调整图片的位置。输入文本"服务流程"，设置颜色为"深灰色"，字体为"微软雅黑"，字号为"40"，调整其位置后的效果如图 12-16 所示。

图12-15　输入文本"企业介绍"

图12-16　输入文本"服务流程"

（5）复制步骤（3）绘制的泪滴形，设置"形状填充"为"橙色"，选择"插入"→"图片"命令，选择"素材"文件夹中的图片"图标 2.png"，调整图片的位置，输入文本"分析对策"，设置颜色为"深灰色"，字体为"微软雅黑"，字号为"40"，此时的效果就是图 12-1（b）所示的效果。

12.2.4　过渡页幻灯片模板的制作

过渡页幻灯片模板的制作的具体过程如下。

（1）选择"节标题模板"，选择"素材"文件夹中的"过渡页背景.jpg"，单击"关闭"按钮，选择"插入"→"形状"→"矩形"命令，绘制一个矩形。设置"形状填充"为"深蓝色"（"红色"为"6"，"绿色"为"81"，"蓝色"为"146"），"形状轮廓"为"无轮廓"，复制矩形，调整大小与位置，页面效果如图 12-17 所示。

（2）选择"插入"→"图片"命令，选择"素材"文件夹中的图片"logo.png"和"礼仪.jpg"，调整图片的位置，页面效果如图 12-18 所示。

> 微课
> 过渡页幻灯片模板
> 的制作

图12-17　插入矩形

图12-18　插入图片后的效果

（3）分别输入"Part 1"和"企业介绍"，设置颜色为"深灰色"，字体为"微软雅黑"，字号自行调整，此时的效果就是图 12-1（c）所示的效果。

（4）复制该过渡页，制作"服务流程"与"分析对策"两个过渡页。

12.2.5　内容页幻灯片模板的制作

内容页幻灯片模板的制作的具体过程如下。

（1）选择一个普通版式页面，删除所有占位符，选择"插入"→"形状"→"矩形"命令，按住<Shfit>键绘制一个正方形，设置"形状填充"为"深蓝色"（"红色"为"6"，"绿色"为"81"，"蓝色"为"146"），"形状轮廓"为"无轮廓"，复制正方形，调整大小与位置，页面效果如图 12-19 所示。

（2）勾选"幻灯片母版"中的"标题"复选框，设置标题样式，字体为"方正粗宋简体"，字号为"36"，颜色为"深蓝色"，页面效果如图 12-20 所示。

> 微课
> 内容页幻灯片
> 模板的制作

图12-19　插入内容页图标

图12-20　插入内容页标题样式

12.2.6　封底页幻灯片模板的制作

封底页幻灯片模板的制作的具体过程如下。

（1）选择一个普通版式页面，删除所有占位符，选择"插入"→"图片"命令，选择"素材"文件夹中的图片"商务人士.png"，调整图片的位置，效果如图 12-21 所示。

（2）选择"插入"→"图片"命令，选择"素材"文件夹中的图"logo.png"，调整图片的位置。选择"插入"→"文本框"→"横排文本框"命令，输入文本"易百米快递"，设置字体为"方正粗宋简体"，字号为"44"，同样输入文本"百米驿站——生活物流平台"，设置字体为"微软雅黑"，字号为"24"，调整位置后的页面效果如图 12-22 所示。

图12-21　插入商务人士图片

图12-22　插入Logo

（3）输入文本"谢谢观赏"，设置字体为"微软雅黑"，字号为"80"，颜色为"深蓝色"，设置"加粗"与"文字阴影"效果。

（4）选择"插入"→"图片"命令，选择"素材"文件夹中的图片"电话 2.png"，调整图片的位置，输入文本"全国服务热线：400-0**0-0*0"，设置字体为"微软雅黑"，字号为"20"，颜色为"深蓝色"，此时的效果就是图 12-1（f）所示的效果。

（5）输入文本"期待与您的合作"，设置字体为"微软雅黑"，字号为"44"，颜色为"深蓝色"，设置"文字阴影"效果。

12.2.7　模板的使用

模板的使用的具体过程如下。

（1）切换至"幻灯片母版"选项卡，单击"关闭母版视图"，在"普通视图"下，单击占位符"母版标题样式"后，输入"创业案例介绍"，单击占位符"单击此处编辑母版副标题样式"后，输入"汇报人：刘经理"，此时的效果就是图 12-1（a）所示的效果。

（2）按<Enter>键，创建一个新页面，默认情况下该页面显示的是模板中的"目录"模板。

（3）继续按<Enter>键，仍然会创建一个新页面，但该页面显示的仍然是"目录"模板，此时，在页面中右击，弹出快捷菜单，选择"版式"命令，弹出"1_默认设计模板"级联菜单，如图 12-23 所示，默认选择"标题和内容"，此处选择"1-节标题"即可完成版式的修改。

图12-23　版式的修改

（4）采用同样的方法即可实现本任务的所有页面，然后根据实际需要制作所需的页面即可。

12.3　任务小结

通过易百米公司创业案例介绍演示文稿的制作，读者基本上全面地学习了关于模板的应用。模板对于演示文稿来说就是外包装，对于演示文稿的模板而言，至少需要 3 个子版式：封面版式、目录或过渡版式、内容版式。封面版式主要用于演示文稿的封面页，过渡版式主要用于过渡页，内容版式主要用于演示文稿的内容页。其中封面页与内容页一般都是必须的，而较短的演示文稿可以不设计过渡页。

12.4　经验技巧

12.4.1　封面页设计技巧

封面页是浏览者第一眼看到的演示文稿页面，给浏览者带来对演示文稿的第一印象。通常情况下，封面页主要起到突出主题的作用，具体包括标题、作者、公司、时间等信息，不必过于花哨。

演示文稿的封面页设计主要分为文本型和图文并茂型。

1. 文本型

如果没有搜索到合适的图片，仅仅通过文本的排版也可以制作出效果不错的封面页，为了防止页面单调，除了使用单色，还可以使用渐变色作为封面页的背景色，如图 12-24 所示。

（a）单色背景　　　　　　　　　（b）渐变色背景

图12-24　文本型封面页设计1

除了文本，也可以使用色块进行衬托，突显标题内容，注意在色块交接处使用线条调和封面页风格，这样能使封面页更加协调，如图 12-25 所示。

（a）色块作为背景　　　　　　　　　　　　　　　　（b）彩色线条分割

图12-25　文本型封面页设计2

通常也可以使用不规则形状打破静态的布局，使封面页获得动感，如图 12-26 所示。

（a）不规则形状结合 1　　　　　　　　　　　　　　（b）不规则形状结合 2

图12-26　文本型封面页设计3

2. 图文并茂型

图片的运用能使封面页更加美观，如果整个页面只有一张图片使用小图片能使画面比较聚焦，引起浏览者的注意，当然图片的使用一定要切题，这样能迅速吸引浏览者，能突出汇报的重点，如图 12-27 所示。

（a）小图片与文本的搭配1　　　　　　　　　　　　（b）小图片与文本的搭配2

图12-27　图文并茂型封面页设计1

当然，也可以使用半图的方式来制作封面页，具体方法是把一张大图片裁切成需要的效果，大图片能够带来不错的视觉冲击力，因此没有必要使用复杂的形状装饰页面，如图 12-28 所示。

最后，介绍借助全图制作全图型封面页的方法。全图型封面页就是将图片铺满整个页面，然后把文本放置到图片上，这样做的目的是突出文本。可以通过调整图片的亮度，局部虚化图片。也可以在图片上添加半透明或者不透明的形状作为背景，通过衬托使文本更加清晰。

（a）半图型封面页的效果 1

（b）半图型封面页的效果 2

（c）半图型封面页的效果 3

（d）半图型封面页的效果 4

图12-28　图文并茂型封面页设计2

依据以上提供的方法，制作全图型封面页如图 12-29 所示。

（a）全图型封面页的效果 1

（b）全图型封面页的效果 2

（c）全图型封面页的效果 3

（d）全图型封面页的效果 4

图12-29　图文并茂型封面页设计3

12.4.2 导航系统设计技巧

演示文稿的导航系统的作用是展示演示的进度,使浏览者能清晰把握整个演示文稿的脉络,使演示者能清晰把握整个汇报的节奏。对于较短的演示文稿来说,可以不设置导航系统。对于较长的演示文稿来说,设计逻辑结构清晰的导航系统是很有必要的。

微课

导航系统设计技巧

通常,演示文稿的导航系统主要包括目录页、过渡页,此外,还可以设计页码与导航条。

1. 目录页

演示文稿目录页的设计目的是让浏览者全面、清晰地了解整个演示文稿的架构。因此,好的演示文稿需要将整个演示文稿的架构清晰地呈现出来。实现这个目标的核心就是将目录内容与逻辑图示实现高度融合。

传统型目录页设计主要运用图形与文本的组合,如图 12-30 所示。

（a）图形与文本组合 1　　　　　　　　　（b）图形与文本组合 2

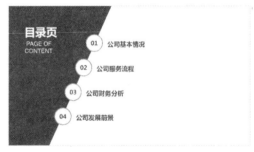

（c）图形与文本组合 3　　　　　　　　　（d）图形与文本组合 4

图12-30　传统型目录页设计

图文型目录页设计主要运用一张图片配合一行文本的形式,如图 12-31 所示。

综合图片、图形和文本,创新思路,要充分考虑整个演示文稿的风格与特点设计演示文稿,将页面、色块、图片、图形等元素综合应用,如图 12-32 所示。

（a）图片与文本组合 1　　　　　　　　　（b）图片与文本组合 2

图12-31　图文型目录页设计

(c)图片与文本组合 3

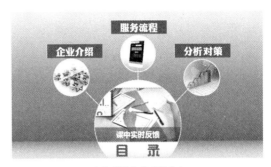

(d)图片与文本组合 4

图12-31　图文型目录页设计（续）

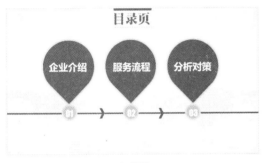

（a）效果 1

（b）效果 2

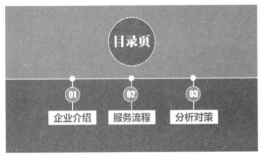

（c）效果 3

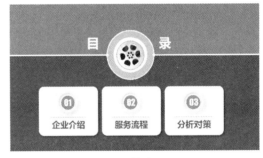

（d）效果 4

图12-32　综合型目录页设计

2. 过渡页

过渡页的核心目的在于提醒浏览者新的篇章开始，告知浏览者整个演示的进度，有助于浏览者集中注意力。过渡页可起到承上启下的作用。

过渡页应尽量与目录页在颜色、字体、布局等方面保持一致，局部布局可以有所变化。如果过渡页与目录页一致，可以将两者在页面的饱和度上进行区分，例如，当前演示的部分使用彩色，不演示的部分使用灰色。也可以独立设计过渡页，如图 12-33 所示。

3. 导航条设计

导航条的主要作用在于让浏览者了解演示进度。在较短的演示文稿中不需要导航条，只有在较长的演示文稿中需要导航条。导航条的设计非常灵活，可以将导航条放在页面的顶部，也可以放在页面的底部，当然也可以放在页面的两侧。

（a）标题文本颜色区分

（b）图片色彩区分

（c）单独页面设计 1

（d）单独页面设计 2

图12-33　过渡页设计

在表达方式方面，导航条可以使用文本、数字或者图片等元素表达，导航条设计如图 12-34 所示。

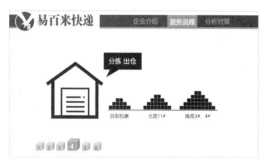

（a）文本颜色衬托与局部数字页码导航条 1

（b）文本颜色衬托与局部数字页码导航条 2

图12-34　导航条设计

12.4.3　内容页设计技巧

内容页的结构包括标题栏与内容区域两个部分。标题栏是展示演示文稿标题的地方，标题要更简洁、准确。内容页模板的标题一般要放在固定的、醒目的位置，这样显得更严谨。

标题栏一定要简约、大气，最好能够具有设计感或商务风格，标题栏中相同级别标题的字体和位置要保持一致，不要混淆逻辑。依据浏览者的浏览习惯，大多数标题栏都放在屏幕的上方。内容区域是演示文稿中放置内容的区域。

标题栏的常规表达方法有图标提示、点式、线式、图形、图片图形混合等，内容页设计如图 12-35 所示。

微课

内容页设计技巧

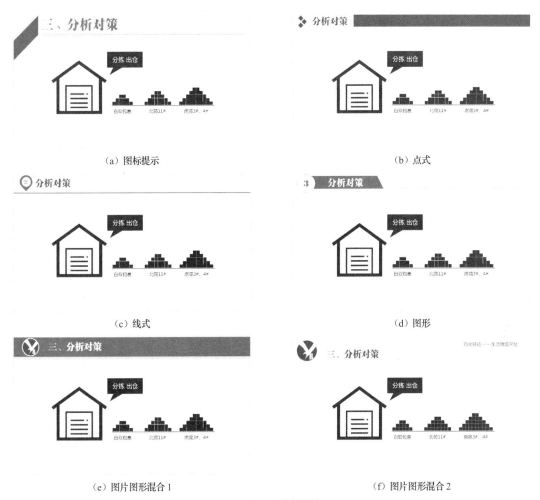

（a）图标提示　　　　　　　　　　　　　（b）点式

（c）线式　　　　　　　　　　　　　　（d）图形

（e）图片图形混合 1　　　　　　　　　　（f）图片图形混合 2

图12-35　内容页设计

12.4.4　封底页设计技巧

封底页通常用来表达感谢和保留作者信息，为了保持演示文稿的整体风格统一，设计与制作封底页是有必要的。

封底页和封面页可以保持风格一致，尤其是在颜色、字体、布局等方面封底页要和封面页保持一致，封底页使用的图片主题也要与演示文稿主题保持一致。如果觉得设计封底页太麻烦，可以在封面页的基础上进行修改以得到封底页。封底页设计如图 12-36 所示。

微课

封底页设计技巧

（a）效果 1　　　　　　　　　　　　　（b）效果 2

图12-36　封底页设计

（c）效果 3

（d）效果 4

图12-36　封底页设计（续）

12.5　AI 加油站：讯飞智文

12.5.1　认识讯飞智文

讯飞智文是科大讯飞推出的一款 AI 文档创作平台。它基于讯飞星火认知大模型，支持处理各种内容格式，包括一句话主题、长文本、音视频等多种格式。这使得讯飞智文成为一款极具创新性的 AI 文档创作平台，不仅提供高效、便捷的文案改写服务，还能自动生成令人印象深刻的演示文稿。

微课

体验讯飞智文

12.5.2　体验讯飞智文

在百度搜索"讯飞智文"并进入其官网，使用微信扫描二维码并登录系统，如图 12-37 所示。

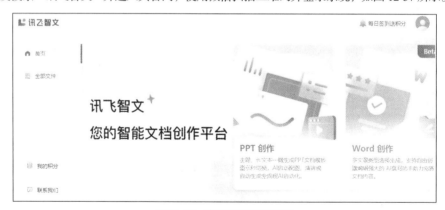

图12-37　登录讯飞智文的页面

在图 12-37 所示的页面中单击"PPT 创作"超链接，进入"请选择创建方式"页面，如图 12-38 所示。

图 12-38 所示的页面中包含"主题创作""文本创建""文档创建""自定义创建"4 个选项。主题创作主要通过一句话形式的主题输入，快速把用户的想法变为演示文稿，可根据需求进行 AI 改写，完善演示文稿内容；文本创建最高支持 8000 字长文本输入，并由 AI 帮用户总结、拆分、提炼内容，最终生成与长文本高度相关的演示文稿；文档创建支持 DOC、PDF、TXT 等格式的文档输入，AI 提取文档中的关键信息，生成一个贴合文档内容及要求的演示文稿；自定义创建支持每条大纲的自定义关联，可关联文本、文档和互联网内容，让生成内容更精准。

下面以"主题创建"为例，单击"主题创建"，进入"PPT 创作 - 主题创建中"页面，在文本框中输入"垃圾分类培训"主题文本，如图 12-39 所示。

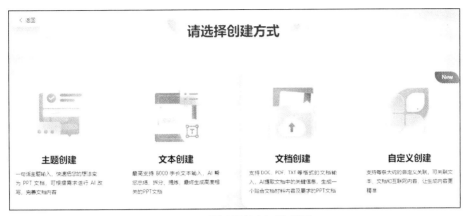

图12-38   "请选择创建方式"界面

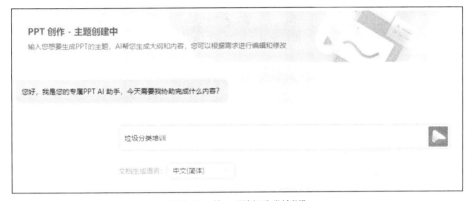

图12-39   输入"垃圾分类培训"

单击"确定"按钮，讯飞智文就会根据主题进行计算，内容会以大纲形式呈现，如图 12-40 所示。

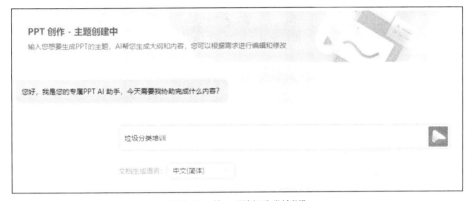

图12-40   讯飞智文生成的内容大纲

在图 12-40 所示页面单击"下一步"按钮，进入模板配色相关界面，如图 12-41 所示。

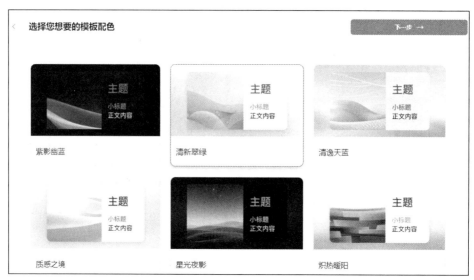

图12-41　模板配色相关界面

在图 12-41 所示界面中单击"清新翠绿"后，单击"下一步"按钮，讯飞智文就会进行内容分析与 AI 图文生成，最终生成的演示文稿如图 12-42 所示。

图12-42　生成的演示文稿

对于讯飞智文的其他功能，读者可以根据需要自行尝试，在此不赘述。

12.6　拓展训练

于教授要申请一个科技项目，项目标题为"公众参与生态文明建设利益导向机制的探究"，具体申报内容分为课题综述、研究现状、研究目标、研究过程、研究结论、参考文献等方面。现要求根据需求设计适合项目申报汇报的演示文稿模板。

根据项目需求设计的适合项目申报汇报的演示文稿模板参考效果如图 12-43 所示。

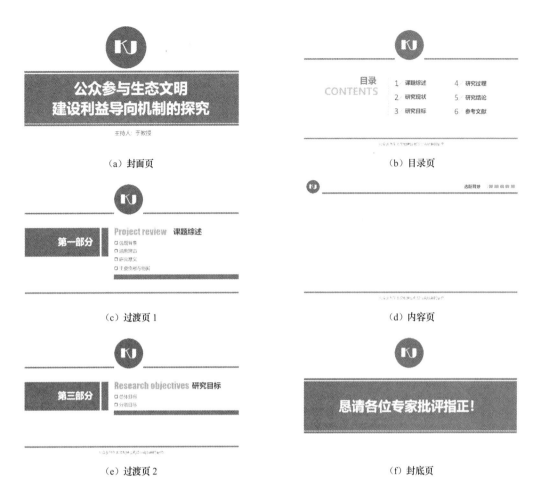

（a）封面页　　　　　　　　　　（b）目录页

（c）过渡页 1　　　　　　　　　　（d）内容页

（e）过渡页 2　　　　　　　　　　（f）封底页

图12-43　适合项目申报汇报的演示文稿模板参考效果

任务 13

汽车行业数据图表演示文稿制作

13.1 任务简介

通过展示的任务要求与效果，分析任务需要实现的目标。

13.1.1 任务要求与效果展示

汽车爱好者协会发布了 2021 年度的中国汽车行业数据，依据部分文档内容制作相关演示文稿。本任务文本参考素材文件 "2021 年度中国汽车行业数据发布.docx"，核心内容如下。

标题：2021 年度中国汽车行业数据发布

声明：不对数据准确性进行解释，仅供教学任务使用。

全国机动车的保有量到底是多少？其中私人轿车有多少？网络统计数据显示，截至 2021 年年底，全国机动车保有量达 3.95 亿辆，其中汽车为 3.02 亿辆左右。表 13-1 显示了近 5 年机动车保有量情况和机动车驾驶员数量。

表 13-1 近 5 年机动车保有量情况和机动车驾驶员数量

近 5 年	2017 年	2018 年	2019 年	2020 年	2021 年
机动车保有量/亿辆	3.10	3.27	3.48	3.72	3.95
机动车驾驶员/亿人	3.60	4.10	4.36	4.56	4.81

1. 私人轿车有多少？

2021 年全国机动车保有量达 3.95 亿辆，比 2020 年增加 2350 万辆，增长 6.32%左右。2021 年，私人轿车保有量达 2.43 亿辆，比 2020 年增加 1758 万辆。2020 年，全国平均每百户家庭拥有 37.1 辆私人轿车，2021 年，全国平均每百户家庭拥有 43.2 辆私人轿车。

2. 2021 年新增机动车有多少？

2017 年年底，全国机动车保有量达 3.10 亿辆；2018 年年底，全国机动车保有量达 3.27 亿辆；2019 年年底，全国机动车保有量达 3.48 亿辆；2020 年年底，全国机动车保有量达 3.72 亿辆；2021 年年底，全国机动车保有量达 3.95 亿辆。2020 年，新注册登记机动车达 2424 万辆，比 2019 年减少 153 万辆，下降 5.94%。2021 年，新注册登记机动车达 3674 万辆，同比增长 10.38%。

3. 新能源汽车有多少？

2021 年，新能源汽车保有量达 784 万辆，比 2020 年增加 292 万辆，增长 59.35%。其中，纯电动汽车保有量达 640 万辆，比 2020 年增加 240 万辆，占新能源汽车保有量的 81.63%。

4. 有多少城市机动车保有量超过 300 万辆?

截至 2020 年年底,北京、成都、重庆、苏州、上海、郑州、西安、武汉、深圳、东莞、天津、青岛、石家庄 13 市的机动车保有量超过 300 万辆。

截至 2020 年年底,机动车保有量超过 300 万辆的城市如表 13-2 所示,2021 年的数据正在统计中。

表 13-2　机动车保有量超过 300 万辆的城市

城市	北京	成都	重庆	苏州	上海	郑州	西安	武汉	深圳	东莞	天津	青岛	石家庄
机动车保有量/万辆	603	545	504	443	440	403	373	366	353	341	329	314	301

5. 机动车驾驶员有多少?

2021 年,全国机动车驾驶员数量达 4.81 亿人,其中汽车驾驶员达 4.44 亿人。新领证驾驶员达 2750 万人,同比增长 23.25%。从性别上看,男性驾驶员达 3.19 亿人,女性驾驶员达 1.62 亿人,男女驾驶员比例为 1.97:1。

依据本任务要求设计并实现的页面效果如图 13-1 所示。

（a）封面页

（b）目录页

（c）过渡页

（d）内容页 1

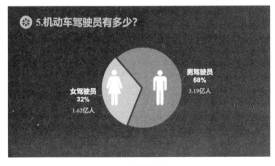

（e）内容页 2

（f）封底页

图 13-1　页面实现效果

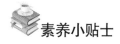素养小贴士

"三牛"精神

"三牛"精神是指面对人民日益增长的美好生活需要，争当为民服务、无私奉献的孺子牛；面对新发展阶段的新挑战新任务，争当创新发展、攻坚克难的拓荒牛；面对民族复兴伟大梦想，争当艰苦奋斗、吃苦耐劳的老黄牛。

13.1.2　任务目标

知识目标：
➢　了解图表的作用；
➢　了解图表的使用方法。

技能目标：
➢　掌握使用 PowerPoint 2016 中的表格来展示数据的方法与技巧；
➢　掌握使用 PowerPoint 2016 中的图表来展示数据的方法与技巧。

素养目标：
➢　提升分析问题、解决问题的能力；
➢　加强自我探索与学习能力。

13.2　任务实施

本任务主要使用了 PowerPoint 2016 中的图表与表格的表达方法、艺术字的设计与应用等，具体使用方法如下。

13.2.1　任务分析

在汽车爱好者协会发布的数据中，可以看出本任务主要想介绍以下 5 个方面的内容。
（1）私人轿车有多少？
（2）2021 年新增机动车有多少？
（3）新能源汽车有多少？
（4）有多少城市机动车保有量超过 300 万辆？
（5）机动车驾驶员有多少？

"私人轿车有多少？"的问题可以采用图形绘制的方式表达，例如，使用绘制汽车的图形，表现 2017—2021 年私人轿车的数量变化。

"2021 年新增机动车有多少？"的问题可以采用图形绘制与文本结合的方式表达，例如，使用圆形的大小表示数量的多少。

"新能源汽车有多少？"的问题可以采用数据表的方式表达，例如，新能源汽车保有量达 784 万辆，比 2020 年增加 292 万辆，增长 59.35%。其中，纯电动汽车保有量达 640 万辆，比 2020 年增加 240 万辆，占新能源汽车保有量的 81.63%。

"有多少城市机动车保有量超过 300 万辆？"的问题可以采用数据表的方式表达，也可以采用数据图表的方式表达。

"机动车驾驶员有多少？"的问题分为两方面表达，针对男女驾驶员的比例可以采用饼图来表达，也可以绘制圆形来表达。近 5 年机动车驾驶员数量情况可以采用人物的卡通图标来表达，例如用人物身高表示机动车驾驶员数量等。

13.2.2　封面页与封底页的制作

经过设计，整个演示文稿的封面页与封底页相似，它们选择汽车作为背景图片，然后在汽车上方放置文本标题、信息发布的单位信息。具体制作过程如下。

（1）启动 PowerPoint 2016，新建一个演示文稿，并将其命名为"2021 年度中国汽车行业数据发布.pptx"，选择"设计"选项卡；在"设计"功能组中单击"页面设置"按钮，弹出"页面设置"对话框，选择"幻灯片大小"选项，选择"自定义"，设置宽度为"32"厘米，高度为"18"厘米。

（2）右击封面页，在弹出的快捷菜单中选择"设置背景格式"命令，打开"设置背景格式"窗格，选中"填充"栏下的"图片或纹理填充"单选按钮，单击"文件"按钮，弹出"插入图片"对话框，选择"素材"文件夹下的"汽车背景.jpg"作为背景图片，插入后的效果如图 13-2 所示。

（3）选择"插入"→"文本框"→"横排文本框"命令，输入文本"2021 年度中国汽车行业数据发布"，选中文本，设置文本字体颜色为"白色"，字号为"60"，调整文本框的大小与位置。

（4）选择"插入"→"形状"→"矩形"命令，绘制一个矩形，为矩形填充"蓝色"，边框设置为"无边框"，选择并右击矩形，在弹出的快捷菜单中选择"编辑文字"命令，输入文本"发布单位"，设置文本为"白色"，字体为"微软雅黑"，字号为"20"，水平居中对齐，调整位置后的页面如图 13-3 所示。

图13-2　设置背景图片的效果

图13-3　插入文本与矩形的效果

（5）复制步骤（4）绘制的矩形，设置背景颜色为"土黄色"，修改文本内容为"汽车爱好者协会"，调整位置后，效果如图 13-1（a）所示。

（6）复制封面页，修改"2021 年度中国汽车行业数据发布"为"谢谢大家！"，然后调整位置，封底页就制作完成了。

13.2.3　目录页的制作

1. 目录页效果实现分析

本页面设计采用左右结构，左侧制作一个汽车的仪表盘，形象地体现汽车这一主体，右侧绘制形状反映要讲解的 5 个方面的内容，设计示意如图 13-4 所示。

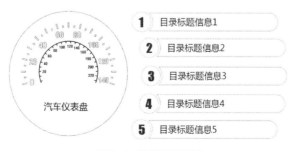
图13-4　目录页设计示意

2. 目录页左侧仪表盘的制作过程

目录页左侧仪表盘制作的具体方法与步骤如下。

（1）按<Enter>键，新创建一页幻灯片，右击该页面，在弹出的快捷菜单中选择"设置背景格式"命令，打开"设置背景格式"窗格，选中"填充"栏下的"纯色填充"单选按钮，设置颜色为"深蓝色"（"红色"为"0"，"绿色"为"35"，"蓝色"为"116"）。

（2）单击"插入"选项卡中的"形状"按钮，选择"基本形状"中的"椭圆"选项，按<Shift>键在页面中拖动鼠标指针绘制一个圆形，设置"形状填充"为"蓝色"，边框设置为"无线条颜色"，调整大小与位置，如图 13-5 所示。

（3）单击"插入"选项卡中的"图片"按钮，弹出"插入图片"对话框，选择"素材"文件夹中的"表盘 1.png"图片，调整图片的大小与位置，页面如图 13-6 所示。

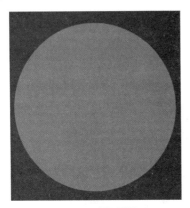

图13-5　插入圆形

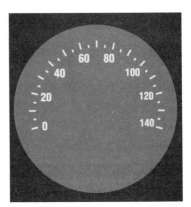

图13-6　插入表盘1.png图片

（4）继续插入"表盘 2.png"与"表针.png"图片，通过方向键调整两张图片的大小与位置，页面如图 13-7 所示。

（5）选择"插入"→"文本框"→"横排文本框"命令，拖动鼠标指针即可绘制一个横向文本框，在其中输入"目录"，设置字号为"40"，字体为"幼圆"，颜色为"蓝色"；采用同样的方法插入文本"Contents"，设置文本的字号为"20"，字体为"Arial"，颜色为"浅蓝"。继续复制文本"Contents"，修改文本为"MPH"；继续复制文本"Contents"，修改文本为"km/h"，字号为"14"，调整位置后的效果如图 13-8 所示。

图13-7　插入表盘2.png与表针.png图片

图13-8　插入表盘文本的效果

3. 目录页右侧形状的制作过程

目录页右侧形状制作的具体方法与步骤如下。

（1）选择"插入"→"形状"→"椭圆"命令，按住<Shift>键绘制一个圆形，为圆形填充"蓝色"，边框设置为"无边框"，调整大小与位置。

（2）选择"插入"→"文本框"→"横排文本框"命令，输入文本"1"，选择文本，设置文本的字号为"36"，字体为"Impact"，颜色为"深灰色"。把文本放置到蓝色圆形的上方，调整其位置与大小，如图 13-9 所示。

（3）选择蓝色圆形与文本，同时按住<Ctrl>键与<Alt>键，拖动鼠标指针即可复制蓝色圆形与文本，修改文本内容，创建其他目录项目号，如图 13-10 所示。

图13-9　插入圆形与文本

图13-10　复制其他图形元素

（4）按住<Shift>键，先选择数字"1"下方的蓝色圆形，再选择数字"1"，切换到"绘图工具 | 格式"选项卡，如图 13-11 所示。单击"合并形状"下拉按钮，如图 13-12 所示，在弹出的下拉列表中选择"剪除"选项，这样即可完成蓝色圆形与文本的剪除效果，依次选择其他圆形与数字，分别进行剪除即可实现几个形状的镂空组合效果。

图13-11　"绘图工具|格式"选项卡

（5）选择"插入"→"形状"→"椭圆"命令，按住<Shift>键依次绘制两个圆形，选择"插入"→"形状"→"矩形"命令，绘制一个矩形，如图 13-13 所示。

（6）选择矩形与右侧的圆形，选择"开始"→"排列"→"对齐"→"顶端对齐"命令，选择圆形，使其水平向左移动并最终与矩形重叠，先选择圆形，按住 <Shift>键，再选择矩形，如图 13-14 所示，切换到"绘图工具 | 格式"选项卡，单击"合并形状"下拉按钮，选择弹出的下拉列表中的"剪除"选项，即可实现图 13-15 所示的形状。

图13-12　"合并形状"下拉按钮

（7）选择左侧的圆形与刚刚合并的形状，选择"开始"→"排列"→"对齐"→"上下居中"命令，选择圆形，使其水平向右移动与矩形重叠，如图 13-16 所示。

图13-13　绘制所需的形状

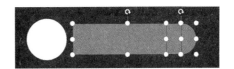

图13-14　选择矩形与右侧的圆形

图13-15　合并后的形状

图13-16　设置圆形与矩形的位置

（8）先选择合并后的形状，按住 <Shift>键，再选择左侧的圆形，如图 13-17 所示，切换到"绘图工具｜格式"选项卡，单击"合并形状"下拉按钮，选择弹出的下拉列表中的"结合"选项，即可实现图 13-18 所示的形状。

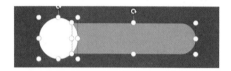

图13-17　选择两个形状

图13-18　剪除后的页面效果

（9）调整步骤（8）绘制的形状位置，选择"插入"→"文本框"→"横排文本框"命令，输入文本"私人轿车有多少？"，选择文本，设置文本：字号为"26"，字体为"微软雅黑"，颜色为"白色"。调整其位置，如图 13-19 所示。

（10）复制并粘贴形状与文本框，替换其文本为"2021 年新增机动车有多少？"，页面效果如图 13-20 所示。

（11）依次复制并粘贴其他形状与文本框，修改其他文本内容，调整位置后的效果如图 13-1（b）所示。

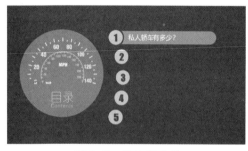

图13-19　目录页的选项

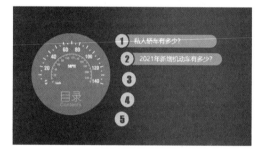

图13-20　添加其他选项后的效果

13.2.4　过渡页的制作

本任务中 5 个过渡页的风格相似，主要是设置背景图片后，插入汽车的卡通图片，然后插入数字标题与每个模块的名称。具体制作过程如下。

微课

过渡页的制作

（1）按<Enter>键，新创建一页幻灯片，右击该页面，选择"设置背景格式"命令，打开"设置背景格式"窗格，选中"填充"栏下的"纯色填充"单选按钮，设置颜色为"深蓝色"（"红色"为"0"，"绿色"为"35"，"蓝色"为"116"）。

（2）选择"插入"→"图片"命令，弹出"插入图片"对话框，选择"汽车图片.png"，单击"插入"按钮，调整位置，使其水平居中显示在整个幻灯片的中央，如图 13-21 所示。

（3）选择"插入"→"形状"→"椭圆"命令，按住<Shift>键绘制一个圆形，为圆形填充"蓝色"，边框设置为"无边框"，调整大小与位置。

（4）选择"插入"→"文本框"→"横排文本框"命令，输入文本"1"，选择文本，设置文本的字号为"36"，字体为"Impact"，颜色为"深蓝色"（"红色"为"0"，"绿色"为"35"，"蓝色"为"116"）。把文本放置到深蓝色圆形的上方，调整其位置与大小，如图 13-22 所示。

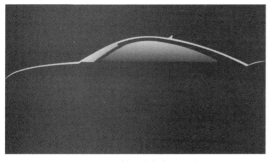

图13-21　插入汽车卡通图片

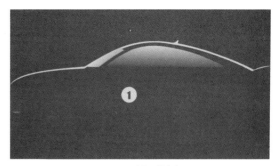

图13-22　插入数字标题

（5）选择"插入"→"文本框"→"横排文本框"命令，输入文本"私人轿车有多少？"，选择文本，设置文本：字号为"50"，字体为"微软雅黑"，颜色为"深灰色"。把文本放置到深蓝色圆形的上方，调整其位置与大小，如图 13-1（c）所示。

13.2.5　内容页的制作

1. 内容页：私人轿车有多少？

内容信息如下。

2021 年全国机动车保有量达 3.95 亿辆，比 2020 年增加 2350 万辆，增长 6.32%。2021 年，私人轿车保有量达 2.43 亿辆，比 2020 年增加 1758 万辆。2020 年，全国平均每百户家庭拥有 37.1 辆私人轿车，2021 年，全国平均每百户家庭拥有 43.2 辆私人轿车。

本页面可以采用插入图片的方式来表现数量的变化，制作步骤如下。

（1）按<Enter>键，新创建一页幻灯片，右击该页面，选择"设置背景格式"命令，打开"设置背景格式"窗格，选中"填充"栏下的"纯色填充"单选按钮，设置颜色为"深蓝色"（"红色"为"0"，"绿色"为"35"，"蓝色"为"116"）。

（2）选择"插入"→"图片"命令，弹出"插入图片"对话框，选择"汽车轮子.png"，单击"插入"按钮，调整位置，如图 13-23 所示。

（3）选择"插入"→"文本框"→"横排文本框"命令，输入文本"1.私人轿车有多少？"，选择文本，设置文本的字号为"36"，字体为"微软雅黑"，颜色为"蓝色"。把文本放置到汽车轮子图片的右侧，调整其位置，如图 13-24 所示。

图13-23　插入图片

图13-24　插入标题文本

（4）选择"插入"→"图片"命令，弹出"插入图片"对话框，选择"汽车1.png"，单击"插入"按钮，复制 7 张汽车图片，设定第 1 张汽车图片与第 8 张汽车图片的位置，选择"开始"→"排列"→"对齐"→"横向分布"命令；继续选择"插入"→"文本框"→"横排文本框"命令，拖动鼠标指针绘制一个横向文本框，在其中输入文本"2020年机动车保有量"，设置字体为"微软雅黑"，颜色为"白色"，字号为"32"；复制文本，修改文本为"3.72 亿辆"，调整文本位置，如图 13-25 所示。

（5）采用同样的方法插入 2021 年机动车保有量，添加 9 张汽车图片（汽车 2.png），页面效果如图 13-26 所示。

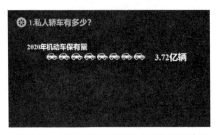

图13-25　插入2020年的机动车图表信息效果

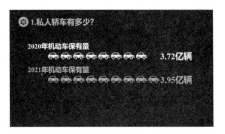

图13-26　插入2021年的机动车图表信息效果

（6）选择"插入"→"形状"→"直线"命令，按住<Shift>键绘制一条水平直线，设置直线的样式为"虚线"，颜色为"白色"。选择"插入"→"文本框"→"横排文本框"命令，插入文本框并输入相应的文本，将数字设置为蓝色，本页即可完成。

2. 内容页：2021 年新增机动车有多少？

内容信息如下。

2017 年底，全国机动车保有量达 3.10 亿辆；2018 年底，全国机动车保有量达 3.27 亿辆；2019 年底，全国机动车保有量达 3.48 亿辆；2020 年底，全国机动车保有量达 3.72 亿辆；2021 年底，全国机动车保有量达 3.95 亿辆。2020 年，新注册登记机动车 2424 万辆，比 2019 年减少 153 万辆，下降 5.94%。2021 年，新注册登记机动车达 3674 万辆，同比增长 10.38%。

这组数据仍然可以采用绘制形状的方式来表达，例如采用绘制圆形的方式来表达，圆形的大小表示数量的多少，该方式主要定性地反映数据变化。制作步骤如下。

（1）按<Enter>键，新创建一页幻灯片，选择"插入"→"形状"→"椭圆"命令，按住<Shift>键绘制一个圆形，为圆形填充"青绿色"，边框设置为"无边框"，调整大小与位置。

（2）选择"插入"→"文本框"→"横排文本框"命令，输入文本"3.10 亿辆"，选择文本，设置字号为"32"，字体为"微软雅黑"，颜色为"白色"，把文本放置到青绿色圆形的上方，调整其位置与大小，采用同样的方法插入文本"2017 年"，如图 13-27 所示。

（3）依次采用同样的方法复制圆形，调整圆形的大小使其逐渐放大，并插入对应的数据，即插入 2018 年、2019 年、2020 年、2021 年的其他数据文本，如图 13-28 所示。

图13-27　插入2017年的机动车数据

图13-28　插入后续4年的机动车数据

（4）采用同样的方法插入幻灯片所需的文本内容与线条即可。

3. 内容页：新能源汽车有多少？

内容信息如下。

2021 年，新能源汽车保有量达 784 万辆，比 2020 年增加 292 万辆，增长 59.35%。其中，纯电动汽车保有量达 640 万辆，比 2020 年增加 240 万辆，占新能源汽车保有量的 81.63%。

本页可以插入柱形图来表达数量的变化，制作步骤如下。

（1）单击<Enter>键，新创建一页幻灯片，选择"插入"→"图表"命令，在弹出的"插入图表"对话框（见图 13-29）中，选择"柱形图"下的默认图表类型，单击"确定"按钮，即可直接呈现柱形图，如图 13-30 所示。

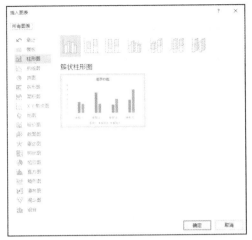

图13-29　"插入图表"对话框

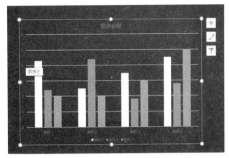

图13-30　插入的默认柱形图

（2）同时弹出数据表格（见图 13-31），修改表格中的具体数据。将横向"系列 1"与"系列 2"修改为"2020 年"与"2021 年"，删除多余的"系列 3"；将第 1 列中的"类别 1"与"类别 2"修改为"新能源汽车"和"纯电动汽车"，删除多余的"类别 3"与"类别 4"，根据内容信息修改具体数据，如图 13-22 所示。

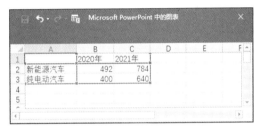

图13-31　数据表格

图13-32　编辑表格数据

（3）关闭数据表格，数据图表的样式变换为新的样式，如图 13-33 所示。选择插入的柱形图，双击选择"图表标题"，按<Delete>键删除"图表标题"，同样，双击选择水平"网格线"，将其删除，双击选择纵向"坐标轴"，将其删除，页面效果如图 13-34 所示。

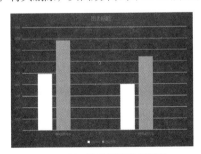

图13-33　修改后的数据图表

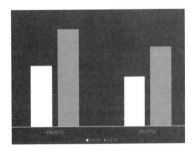

图13-34　编辑新的图表

（4）选择柱形图，单击"图表工具 | 设计"选项卡中的"添加图表元素"下拉按钮，在弹出的下拉列表中选择"数据标签"→"数据标签外"选项（见图 13-35），操作完成后图表中就会添加数据标签，分别选择标签内容，设置标签颜色为"白色"，效果如图 13-36 所示。

（5）选中插入的柱形图，双击白色的 2020 年的柱形，设置其填充颜色为"青绿色"，边框颜色为"白色"，线条宽度为"1 磅"（见图 13-37）。双击蓝色的 2021 年的柱形，设置其边框颜色也为"白色"，蓝色的 2021 年的柱形设置后的效果如图 13-38 所示。

图13-35　添加数据标签

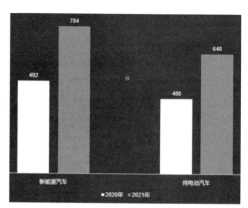

图13-36　添加数据标签并修改颜色后的图表

图13-37　设置白色柱形颜色、边框颜色与线条宽度

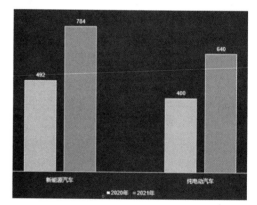

图13-38　设置蓝色柱形边框颜色后的效果

（6）选择插入的柱形图，双击青绿色的 2020 年柱形，在"设置数据系列格式"窗格中设置"系列选项"栏下的"系列重叠"为"0%"，"间隙宽度"为"80%"（见图 13-39），图表显示效果如图 13-40 所示。

图13-39　设置"系列选项"

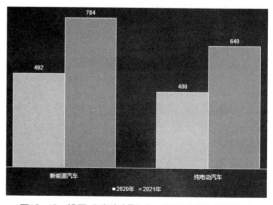

图13-40　设置"系列重叠"与"间隙宽度"后的效果

（7）最后，添加文本"单位：万辆"，再依次添加竖虚线与相关文本。

微课

表格的使用

4．内容页：有多少城市机动车保有量超过 300 万辆？

内容信息如下。

截至 2020 年年底，北京、成都、重庆、苏州、上海、郑州、西安、武汉、深圳、东莞、天津、青岛、石家庄 13 市的机动车保有量超过 300 万辆（见表 13-3）。

表 13-3　机动车保有量超过 300 万辆的城市

机动车保有量超过 300 万辆的城市（单位：万辆）													
北京	成都	重庆	苏州	上海	郑州	西安	武汉	深圳	东莞	天津	青岛	石家庄	
603	545	504	443	440	403	373	366	353	341	329	314	301	

本页可以直接采用插入表格的方式来实现，插入表格后，设置表格的相关属性即可，具体方法如下。

图13-41　"插入表格"对话框

（1）按<Enter>键，新建一个幻灯片页面。

（2）选择"插入"→"表格"→"插入表格"命令，在弹出的"插入表格"对话框中设置"列数"为"14"，"行数"为"2"，如图 13-41 所示，单击"确定"按钮即可插入表格。单击表格，在"表格工具 | 设计"选项卡下的"表格样式"功能组中单击"中度样式 4-强调 3"按钮，表格将实现快速样式，输入相关城市与文本后的效果如图 13-42 所示。

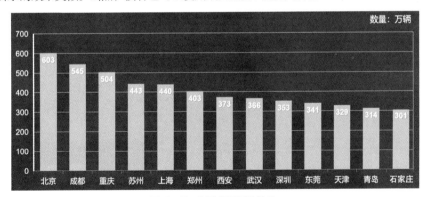

图13-42　插入表格并设置样式和输入内容后的效果

（3）继续添加文本"数量：万辆"，设置文本颜色为"白色"，调整文本位置即可。

如果为该页面制作柱形图，制作的方法与为"新能源汽车有多少？"制作柱形图的方法类似，页面效果与图 13-43 所示的效果类似。当然，读者也可以使用绘图的方式进行绘制。

图13-43　制作柱形图的效果

5．内容页：机动车驾驶员有多少？

内容信息如下。

微课

饼图的使用

2021 年，全国机动车驾驶员数量达 4.81 亿人，其中汽车驾驶员达 4.44 亿人。新领证驾驶员达 2750 万人，同比增长 23.25%。从性别上看，男性驾驶员达 3.19 亿人，女性驾驶员达 1.62 亿人，男女驾驶员比例为 1.97:1。

本页重点反映了驾驶员中的男女比例，采用饼图的方式表达较好，制作步骤如下。

（1）按<Enter>键，新建一个幻灯片页面。

（2）单击"插入"选项卡中的"图表"按钮，弹出"插入图表"对话框，选择"饼图"图表类型（见图 13-44），单击"插入"按钮，即可直接呈现饼图，如图 13-45 所示。

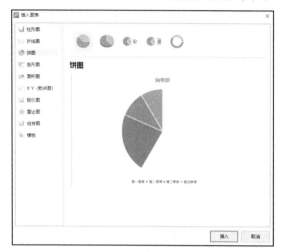

图13-44　选择"饼图"图表类型

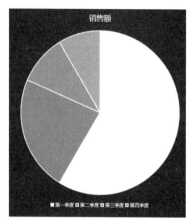

图13-45　插入的默认饼图

（3）同时会弹出数据表格，编辑数据后，如图 13-46 所示，关闭数据表格后的图表效果如图 13-47 所示。

图13-46　编辑数据

图13-47　修改后的饼图效果

（4）右击插入的饼图，在弹出的快捷菜单中单击"设置数据点格式"命令，在打开的"设置数据点格式"窗格的"系列选项"栏中设置"第一扇区起始角度"为"330°"，"点分离"为"2%"（见图 13-48），设置后的页面效果如图 13-49 所示。

图13-48　设置"系列选项"

图13-49　设置"系列选项"后的效果

（5）选择标题，按<Delete>键将其删除，选择"图例"，将其删除。

（6）选中图表，单击"图表工具 | 设计"选项卡中的"添加图表元素"下拉按钮，在弹出的下拉列表中选择"数据标签"→"数据标签外"选项，即可显示数据标签，设置数据标签颜色为"白色"。

（7）双击右侧白色数据标签，在弹出的"设置数据标签格式"窗格的"标签选项"栏的"标签包括"中勾选"类别名称""值""百分比""显示引导线""图例项标示"等复选框，设置"分隔符"为"(新文本行)"，如图 13-50 所示，同样给左侧深蓝色数据标签进行同样的设置，页面效果如图 13-51 所示。

图13-50　设置"标签选项"

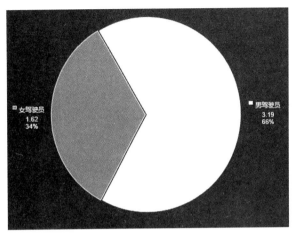

图13-51　设置"标签选项"后的效果

（8）为了使数据更加直观，设置右侧的男驾驶员扇形图表，修改其填充色为"深蓝色"，选择数据标签内容，设置字号为"18"；单击"插入"选项卡，单击"图片"按钮，弹出"插入图片"对话框，选择"素材"文件夹中的"男.png"图片，调整图片的位置，采用同样的方法插入"女.png"图片，调整图片的位置，这样可以更清晰地表达男驾驶员与女驾驶员的对比关系，页面效果如图 13-1（e）所示。

13.3　任务小结

通过产品介绍类演示文稿的制作，读者学习了如何在 PowerPoint 2016 中制作图表和编辑图表、插入表格等操作，掌握了关于数据统计的操作与应用。

13.4　经验技巧

下面介绍几个在演示文稿中使用图表的经验与技巧。

13.4.1　表格的应用技巧

1. 表格式封面页设计

运用表格的方式设计演示文稿的封面页效果如图 13-52 所示。

这里主要运用了表格的颜色填充功能，并使用图片作为背景，对于图 13-52 中（b）所

微课

表格的应用技巧

示的背景图片，需要右击表格，在弹出的快捷菜单中选择"设置形状格式"命令，在打开的"设置形状格式"窗格中选中"图片或纹理填充"单选按钮，选择"图片填充"下拉列表中的"本地文件"选项，选择所需图片，最后选择"放置方式"下拉列表中的"平铺"选项。

（a）表格中纯文本与边框线条结合的封面页设计

（b）线条与背景图片、文本结合的封面页设计

（c）线条与小背景图片、文本结合的封面页设计

（d）仅使用边框线条的封面页设计

图13-52　表格式封面页设计

2. 表格式目录页设计

运用表格的方式设计演示文稿的目录页效果如图 13-53 所示。

（a）以表格为框架的左右结构的目录页设计 1

（b）以表格为框架的左右结构的目录页设计 2

（c）以表格为框架的上下结构的目录页设计 1

（d）以表格为框架的上下结构的目录页设计 2

图13-53　表格式目录页设计

3. 表格式内容页常规设计

运用表格的方式可以进行演示文稿的内容页的常规设计，如图 13-54 所示。

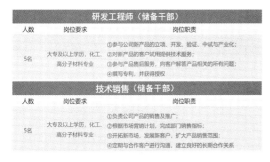

（a）数据的展示 1　　　　　　　（b）数据的展示 2

（c）表格样式设计 1　　　　　　（d）表格样式设计 2

图13-54　表格式内容页常规设计

13.4.2　绘制自选形状的技巧

微课

绘制自选形状的技巧

在制作演示文稿的过程中，对于一些具有说明性的形状内容，用户可以在幻灯片中绘制自选形状，并根据需要对其进行编辑，从而使幻灯片达到图文并茂的效果。PowerPoint 2016 提供的自选形状包括线条、矩形、基本形状、箭头总汇、公式形状、流程图、星与旗帜和标注等。下面以"易百米快递创业案例介绍"为例，充分利用自选形状制作一套模板，页面效果如图 13-55 所示。

（a）封面页　　　　　　　　　　（b）目录页

（c）内容页　　　　　　　　　　（d）封底页

图13-55　"易百米快递创业案例介绍"的图形绘制模板

通过对图 13-55 进行分析，可以得出该演示文稿主要采用了绘制自选形状的方法进行制作，例如绘制泪滴形、任意多边形等，还采用了形状绘制的"合并形状"功能。

1. 绘制泪滴形

图 13-55 中的封面页、内容页、封底页都使用了泪滴形，具体绘制方式如下。

单击"插入"选项卡中的"形状"下拉按钮，在弹出的下拉列表中选择"基本形状"→"泪滴形"选项，如图 13-56 所示，在页面中拖动鼠标指针绘制一个泪滴形，如图 13-57 所示。

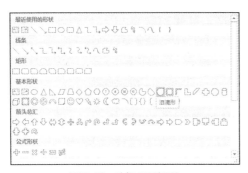

图13-56　选择"泪滴形"

图13-57　绘制泪滴形

选择绘制的泪滴形，设置形状的格式，给形状进行图片填充（图片为"素材"文件夹下的"封面图片.jpg"），效果如图 13-58 所示。

封底页中的泪滴形的绘制思路：选择封面页绘制的泪滴形，将其旋转至尖角向下（顺时针旋转 135°），然后插入图片于泪滴形中，效果如图 13-59 所示。

图13-58　封面页中的泪滴形效果

图13-59　封底页中的泪滴形效果

2. 形状绘制的"合并形状"功能

图 13-55 中的内容页的空心泪滴形的设计示意如图 13-60 所示。

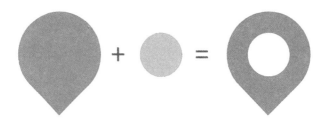

图13-60　空心泪滴形的设计示意

图 13-60 所示的空心泪滴形的绘制思路如下。先绘制一个泪滴形，然后绘制一个圆形，将圆形放置在泪滴形的上方，然后调整位置，使用鼠标先选择泪滴形，然后选择圆形，如图 13-61 所示。

单击"绘图工具 | 格式"选项卡，单击"合并形状"下拉按钮，在弹出的下拉列表中选择"剪除"选项，如图 13-62 所示，就可以完成空心泪滴形的绘制。

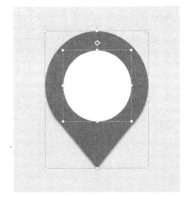

图13-61　选择两个绘制的图形

图13-62　选择"剪除"选项

此外，还可以练习使用"结合""相交""组合""拆分"等选项。

3. 绘制自选形状

图 13-55 中的目录页主要使用了图 13-56 中的"任意多边形" ⌐（"线条"栏中的倒数第 2 个选项）形状。选择"任意多边形"选项，依次绘制 4 个点，闭合后即可形成四边形，如图 13-63 所示。按照此法，一次即可完成目录页中图形的绘制，如图 13-64 所示。

图13-63　绘制任意多边形

图13-64　绘制的立体形状效果

在幻灯片中绘制形状完成后，还可以在所绘制的形状中添加一些文本，说明所绘制的形状，进而诠释幻灯片的含义。

4. 设置叠放次序

在幻灯片中插入多张图片后，用户可以根据排版的需要，对图片的叠放次序进行设置。可以选择相应的图片，右击图片并在弹出的快捷菜单中选择"置于底层"子菜单项，如果需要将其置顶就选择"置于顶层"子菜单项。

13.4.3　SmartArt 图形的应用技巧

SmartArt 图形是信息和观点的视觉表示形式，它通过不同形式和布局的图形代替枯燥的文本，从而快速、轻松、有效地传达信息和观点。

SmartArt 图形在幻灯片中有两种插入方法：一种是直接在"插入"选项卡中单击"SmartArt"按钮；另一种是先用文本占位符或文本框将文本输入，再利用转换的方法将文本转换成 SmartArt 图形。

下面以绘制一张循环图为例介绍如何直接插入 SmartArt 图形。

微课

SmartArt 图形的
应用技巧用

（1）打开需要插入 SmartArt 图形的幻灯片，切换到"插入"选项卡，单击"插图"功能组中的"SmartArt"按钮，如图 13-65 所示。

图13-65　"SmartArt"按钮

（2）弹出"选择 SmartArt 图形"对话框，在该对话框左侧列表中选择"循环"分类，在该对话框右侧列表框中选择一种图形样式，这里选择"基本循环"图形样式，如图 13-66 所示，完成后单击"确定"按钮，插入后的"基本循环"图形如图 13-67 所示。

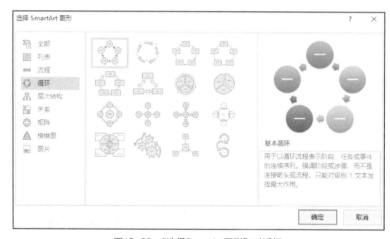

图13-66　"选择SmartArt图形"对话框

注：SmartArt 图形包括"列表""流程""循环""层次结构""关系"和"矩阵"等分类。

（3）幻灯片中将生成一个循环图，循环图默认由 5 个形状组成，读者可以根据实际需要进行调整，如果要删除形状，只需在选中某个形状后按<Delete>键即可，如果要添加形状，则在某个形状上右击，在弹出的快捷菜单中选择"添加形状"→"在后面添加形状"命令即可。

（4）设置好 SmartArt 图形的结构后，接下来在每个形状中输入相应的文本，最终效果如图 13-68 所示。

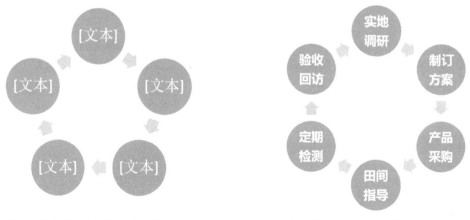

图13-67　插入"基本循环"图形后的效果　　　　　图13-68　修改文本信息后的SmartArt图形

13.5　AI 加油站：图表秀

13.5.1　认识图表秀

图表秀是一款在线图表制作平台，旨在为网络个人用户提供在线图表制作、展现与分享服务，用户可以快速制作各种传统图表以及高级数据可视化图表，动态演示和便捷分享数据分析报告。使用图表秀只需要选择图表、导入数据、编辑属性即可完成图表的展示。

13.5.2　体验图表秀

在百度搜索"图表秀"并进入其官网，使用微信扫描二维码并登录系统，如图 13-69 所示。

图13-69　登录图表秀后的页面

图 13-69 中包含"新建图册"和"新建图表"两个功能，"新建图册"主要实现制作分析报告的功能，可插入多个图表、图片和文本，新建图表主要实现制作单个图表的功能，有 80 多种图表供用户任意选择。

单击"新建图表"超链接，进入"新建图表"页面，如图 13-70 所示。

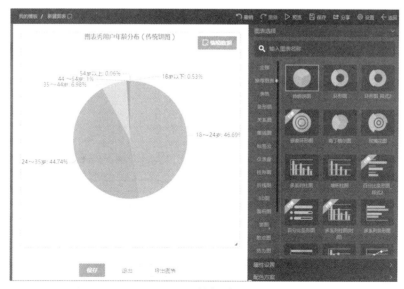

图13-70　"新建图表"页面

在图 13-70 所示的页面的"图表选择"中，选择"标签云"→"标签云图"类别，页面将呈现出标签云图效果，如图 13-71 所示。

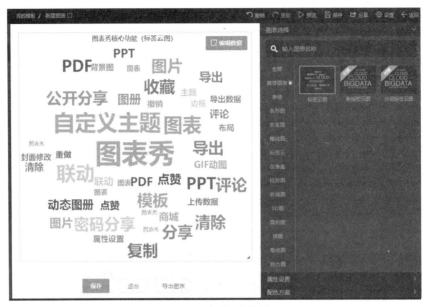

图13-71 标签云图效果

单击图 13-71 中的"编辑数据"按钮，将序号 2 中"图表秀"的数据值由"300"修改为"600"，页面中"图标秀"3 个字就会按比例放大，页面效果如图 13-72 所示。

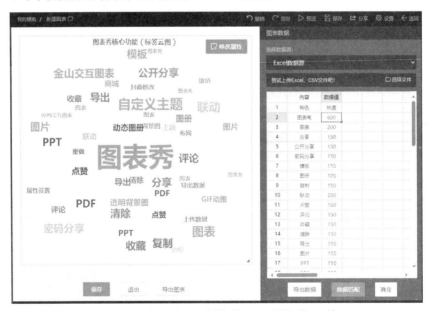

图13-72 修改"图表秀"的数据值为600后的标签云图效果

在图 13-72 所示页面中单击"修改属性"按钮，即可打开"属性设置"页面，读者可以根据需要修改标签云图的相关属性。单击"保存"按钮，即可完成图表的保存。

图表修改的其他功能，读者可以根据需要自行尝试，在此不赘述。

13.6 拓展训练

根据以下文本，结合演示文稿的图表制作技巧与方法设计并制作演示文稿。

部分节选如下。

多点发力，提升师生信息素养

师生信息素养是衡量智慧校园建设成效的一个核心指标。学校以"推进新一代信息技术与教育教学高度融合"为主线，以做好信息化培训与职业技能大赛为抓手，以提升师生的"信息意识、信息知识、信息能力、信息道德"为目标，依托以智慧校园为载体，通过环境促、学生学、教师教的途径，形成学校特色的"一主两抓四提升"的师生信息素养提升体系。

其中，在教育教学方面主要构建"互联网+"生态系统，完成教学资源建设，实施O2O混合式教学改革，形成"教、学、管、考"四维智慧课堂。

在信息化培训方面，主要依托职业教育师资培养计划建设基地、省高等职业教育教师培训基地、信息化教学团队开展师资培训；依托信息化专题报告，通过组建信息化社团和信息技术兴趣小组开展学生培训。

在职业技能大赛方面，教师主要深度参加了教师教学能力大赛、微课教学大赛、课件开发大赛；学生主要参加了职业技能大赛、"互联网+"创新创业能力大赛、"领航杯"教育信息化应用能力大赛。

最终效果如图 13-73 所示。

图13-73　依据文本实现的演示文稿效果

任务 **14**

诚信宣传片头动画制作

14.1 任务简介

14.1.1 任务要求与效果展示

诚信是人类千百年来传承的优良道德品质。诚信是个人道德的基石，中华民族更是把诚信作为人之所以成为人的基本特点之一，认为"人无信不立"。在一般意义上，"诚"即诚实诚恳，主要指主体真诚的内在道德品质；"信"即信用信任，主要指主体"内诚"的外化。"诚"更多地指"内诚于心"，"信"则侧重于"外信于人"。"诚"与"信"组合，就形成了一个内外兼备，具有丰富内涵的词语，其基本含义是诚实无欺、讲信用。

本任务利用 Power Point 2016 的动画功能，制作一个诚信宣传片头动画，效果如 14-1 所示。

（a）动画场景 1

（b）动画场景 2

图14-1　诚信宣传片头动画效果

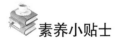 素养小贴士

社会主义核心价值观——诚信

诚信是公民道德的基石，既是做人做事的道德底线，也是社会运行的基本条件。现代社会不仅是物质丰裕的社会，也应是诚信有序的社会；市场经济不仅是法治经济，更应是信用经济。"人而无信，不知其可也"。失去诚信，个人就会失去立身之本，社会就会偏离运行之轨。

14.1.2 任务目标

知识目标：
➢ 了解动画的分类；
➢ 了解动画的使用原则。

技能目标：
➢ 掌握演示文稿中动画的使用方法；
➢ 掌握演示文稿中插入音视频多媒体的方法；
➢ 掌握演示文稿导出为视频格式的方法。

素养目标：
➢ 提升创新意识；
➢ 提高分析问题、解决问题的能力。

14.2 任务实施

本任务首先通过插入媒体元素（例如文本、图片、背景音乐），然后借助进入、强调、退出和动作路径动画的综合运用实现动画效果，最后完成多媒体元素（例如音频和视频）的输出等。

14.2.1 插入文本、图片、背景音乐相关元素

插入文本、图片、背景音乐等相关元素，具体步骤如下。

微课

插入文本、图片、
背景音乐相关元素

（1）在幻灯片编辑区右击，在弹出的快捷菜单中选择"设置背景格式"命令，打开"设置背景格式"窗格，选中"填充"栏中的"图片或纹理填充"单选按钮，单击"图片填充"下拉按钮，在弹出的下拉列表中选择"本地文件"选项，选择"素材"文件夹中的"橙色背景.jpg"。

（2）单击"插入"选项卡中的"图片"按钮，弹出"插入图片"对话框，选择"素材"文件夹中的"诚信篆刻.png"图片，采用同样的方法插入图片"光线.png"，调整两张图片的位置，效果如图 14-2 所示。

（3）单击"插入"选项卡中的"形状"下拉按钮，在弹出的下拉列表中选择"线条"中的"直线"选项，在页面中拖动鼠标指针绘制一条直线，设置直线颜色为"白色"，复制并粘贴刚刚绘制的直线，调整其位置，效果如图 14-3 所示。

图14-2 设置背景与插入两张图片的效果　　　　图14-3 插入两条直线后的效果

（4）选择"插入"→"文本框"→"横排文本框"命令，此时鼠标指针会变成十字形状，拖动鼠标指针即可绘制一个横向文本框，在其中输入"内诚于心 外信于人"，设置字体为"幼圆"，字号为"53"，文本颜色为"白色"。

（5）选择"插入"→"音频"→"PC 上的音频"命令，如图 14-4 所示，弹出"插入音频"对话框，选

择"素材"文件夹中的"背景音乐.wav"，调整插入的文本、图片的位置后，页面效果如图 14-5 所示。

图14-4 "音频"下拉按钮

图14-5 调整插入的文本、图片的位置后的效果

（6）双击编辑区的音频按钮，在"音频工具"选项卡中，将音频触发方式由默认的"按照单击顺序"修改为"自动"，如图 14-6 所示。

图14-6 修改音频触发方式

14.2.2 动画的构思设计

第一步：诚信篆刻图片首先淡出入场。

第二步：选择星光图片淡出入场，星光图片入场后添加圆形路径动画围绕诚信篆刻图片旋转一周，最后为星光图片添加"强调"组中的"放大/缩小"动画与"退出"组中的"淡出"动画，实现边缩放边消失。

第三步：星火消失后实现文字部分的淡出入场。

动画的构思设计如图 14-7 所示。

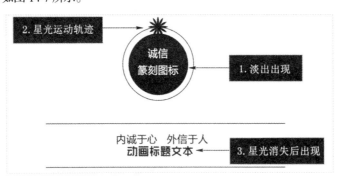

图14-7 动画的构思设计

14.2.3 制作入场动画

依据动画的构思设计，制作各个元素的入场动画，具体步骤如下。

（1）选择图片"诚信篆刻.png"，切换到"动画"选项卡，设置动画为"淡出"，如图 14-8 所示。

微课

制作入场动画

图14-8 选择动画形式

（2）选择"星光.png"图片，单击"动画"选项卡，设置"动画"为"淡出"。再单击"添加动画"下拉按钮，在弹出的下拉列表中选择"动作路径"组中的"形状"，如图 14-9 所示。

（3）将路径动画的大小调整为与"诚信篆刻.png"大小一致，将路径动画的起止点调整到"星光.png"的位置，如图 14-10 所示。

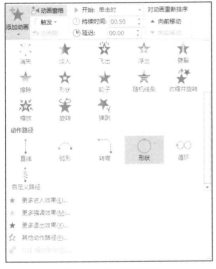

图14-9 添加路径动画

图14-10 调整路径动画

（4）在"动画"选项卡中将"诚信篆刻.png"淡出动画的触发方式"开始"设置为"与上一动画同时"，将"星光.png"淡出动画和路径动画的触发方式"开始"设置为"与上一动画同时"，将"延迟"设置为"00.50"，如图 14-11 所示。选择"动画"选项卡中"高级动画"功能组中单击"动画窗格"按钮，打开"动画窗格"，如图 14-12 所示。

图14-11 设置延迟时间

图14-12 设置延迟时间后的"动画窗格"

（5）在"星光.png"路径动画播放结束后让其消失。选择"星光.png"图片，再次单击"添加动画"下拉按钮，在弹出的下拉列表中选择"退出"组中的"淡出"选项。

（6）继续选择"星光.png"图片，再次单击"添加动画"下拉按钮，在弹出的下拉列表中选择"强调"组中的"放大/缩小"选项，然后将"效果选项"设置为"巨大"。将退出动画和强调动画的触发方式"开始"

设置为"与上一动画同时"，"持续时间"设置为"02.00"。将延迟时间设置在星光路径动画结束之后，即设置"延迟"为"02.50"，如图 14-13 所示，"动画窗格"效果如图 14-14 所示。

图14-13　设置延迟时间　　　　　　　　　　　图14-14　"动画窗格"的效果1

（7）"诚信篆刻.png"动画播放结束后，文本部分出场。设置文本上下两条直线形状的动画为"淡出"。将淡出动画的触发方式"开始"设置为"与上一动画同时"，将"延迟时间"设置为"03.00"。

（8）选择文本，切换到"动画"选项卡，在"动画列表"功能组中单击"更多进入效果"下拉按钮，在弹出的下拉列表中将动画设置为"挥鞭式"，如图 14-15 所示。

（9）将文本部分动画的触发方式"开始"设置为"与上一动画同时"，将"延迟"置为"03.00"，如图 14-16 所示。

图14-15　设置挥鞭式动画

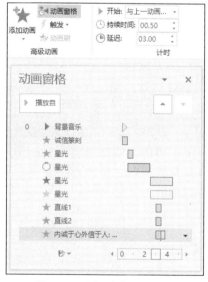

图14-16　"动画窗格"的效果2

（10）最后，单击"动画"选项卡中的"预览效果"按钮，预览动画效果。

14.2.4　输出片头动画视频

片头动画制作完成后，可以将其保存为.pptx 格式的演示文稿文件，用 PowerPoint 2016 打开。也可以将其保存为.wmv 格式的视频文件，用视频播放器打开。将其保存为.wmv 格式的视频文件的具体方法如下。

选择"文件"→"另存为"→"浏览"命令，打开"另存为"对话框，设置"保存类型"为"Windows Media 视频(*.wmv)"，填写文件名即可，如图 14-17 所示。

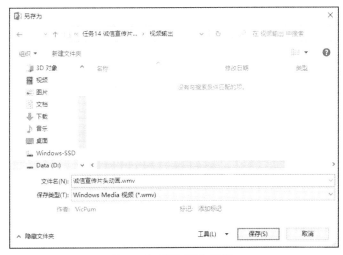

图14-17　设置"保存类型"

14.3　任务小结

通过本任务中动画的制作，读者体验了演示文稿中动画的设计原则、动画效果、动画片头的输出等。实际操作中要恰当地选取片头动画的制作策略，片头动画要做到高素材质量、高分辨率、格式恰当，片头动画的制作要能举一反三，不断创新。

此外读者还应该学习一些关于动画制作的方法与技巧。

1. 演示文稿动画的分类

在 PowerPoint 2016 中，动画主要分为进入动画、强调动画、退出动画和动作路径动画 4 类，此外，还包括幻灯片切换动画。丰富的动画种类可帮助读者实现对幻灯片中的文本、图形、表格等对象添加不同的动画。

进入动画：进入动画使对象从"无"到"有"。在触发动画前，被设置为进入动画的对象是不出现的，在触发动画后，这些对象采用何种方式出现呢？这就是进入动画要解决的问题。例如设置对象为进入动画中的"擦除"效果，可以实现对象从某一方向逐渐出现的效果。进入动画在演示文稿中一般都使用绿色图标标识。

强调动画：强调动画使对象从"有"到"有"，前面的"有"是对象的初始状态，后面的"有"是对象的变化状态。两个状态上的变化可起到对对象强调、突出的作用。例如，设置对象为强调动画中的"变大/变小"效果，可以实现对象从小到大（或设置从大到小）的变化过程，从而产生强调的效果。演示文稿中强调动画一般都使用黄色图标标识。

退出动画：退出动画与进入动画正好相反，它可以使对象从"有"到"无"。触发后的退出动画效果与进入效果正好相反，对象在没有触发动画前，显示在屏幕上，而当动画被触发后，对象则从屏幕上以某种设定的效果消失。例如设置对象的消失效果为退出动画中的"切出"效果，则对象在动画被触发后会逐渐地从屏幕上某处切出，从而消失在屏幕上。退出动画在演示文稿中一般都使用红色图标标识。

动作路径动画：该动画就是对象沿着某条路径运动的动画，在演示文稿中也可以制作出同样的效果，即将对象设置成动作路径动画效果。例如设置对象的效果为"动作路径"中的"向右"效果，则对象在动画被触发后会沿着设定的路径移动。

2. 动画的衔接、叠加与组合

动画的使用讲究自然、连贯，所以需要恰当的使用动画，使动画看起来自然、简洁，使动画的整体效果赏心悦目。要实现这个目标，就必须掌握动画的衔接、叠加和组合。

微课

演示文稿动画的
分类

微课

动画的衔接、叠加
与组合

（1）衔接

动画的衔接是指在一个动画播放完成后紧接着播放其他动画，即使用"从上一项之后开始"命令。衔接动画可以是同一个对象的不同动作，也可以是不同对象的多个动作。

片头动画的星光图片的先淡出入场，再按照圆形路径旋转，最后淡出消失，就是动画的衔接。

（2）叠加

对动画进行叠加，就是让一个对象同时播放多个动画，即设置"从上一项开始"命令。叠加动画可以是一个对象的不同动作，也可以是不同对象的多个动作。几个动作进行叠加后，效果会变得非常不同。

动画的叠加是富有创造性的过程，它能够衍生出全新的动画类型。两种非常简单的动画进行叠加，产生的效果可能会非常不可思议。例如，路径+陀螺旋、路径+淡出、路径+擦除、淡出+缩放、缩放+陀螺旋等。

（3）组合

组合动画让画面变得更加丰富，它是让简单的动画由量变到质变的手段。一个对象如果使用浮入动画，看起来可能会非常普通，但是二十几个对象同时使用浮入动画，效果就不同了。

组合动画的调节通常需要对动作的时间、延迟进行精心的调整，另外需要充分利用动作的重复，否则会事倍功半。

14.4 经验技巧

14.4.1 综合实例——手机滑屏动画

手机滑屏动画是图片的擦除动画与手的滑动动画的组合效果。读者可以首先实现图片的擦除动画，然后制作手的滑动动画，具体步骤如下。

1. 图片擦除动画的实现

（1）启动 PowerPoint 2016，新建一个演示文稿，将其命名为"手机滑屏动画.pptx"，右击页面，设置以渐变色（浅橙色到白色）作为背景。

（2）选择"插入"→"图像"命令，弹出"插入图片"对话框，依次选择"素材"文件夹下的"手机.png""葡萄与葡萄酒.jpg"两张图片，单击"插入"按钮，完成图片的插入操作，调整其位置后如图 14-18 所示。

图14-18 图片的位置与效果（1）

（3）继续选择"插入"→"图像"命令，弹出"插入图片"对话框，选择"素材"文件夹下的"葡萄酒.jpg"图片，单击"插入"按钮，完成图片的插入操作，调整其位置，使其完全放置在"葡萄与葡萄酒.jpg"图片的上方，效果如图 14-19 所示。

（4）选择上方的图片"葡萄酒.jpg"，然后选择"动画"→"进入"→"擦除"命令，设置其动画的"效果选项"为"自右侧"，同时修改动画的"开始"为"与上一动画同时"，"延迟"为"00.75"，

图14-19 图片的位置与效果（2）

如图 14-20 所示。可以单击"预览"按钮预览动画效果，也可以选择"幻灯片放映"→"从当前幻灯片开始"命令预览动画。

图14-20　动画的参数设置

2. 手的滑动动画的实现

（1）选择"插入"→"图像"命令，弹出"插入图片"对话框，选择"素材"文件夹下的"手.png"，单击"插入"按钮，完成图片的插入操作，调整其位置后如图 14-21 所示。

手.png

图14-21　插入手的图片并调整其位置

（2）选择手的图片，然后选择"动画"→"进入"→"飞入"命令，实现手的图片的进入动画为自底部飞入。但需要注意，单击"预览"按钮预览动画效果时，读者会发现"葡萄酒.jpg"的擦除动画播放后，单击后手的图片才能自屏幕下方出现，显然，两个动画的衔接不合理。

（3）切换至"动画"选项卡，单击"动画窗格"按钮，弹出"动画窗格"，调整前的"动画窗格"如图 14-22 所示。在"动画"选项卡中设置手的图片的"开始"为"与上一动画同时"，然后在图 14-22 中选择手的图片（图片 1）并将其拖到"葡萄酒.jpg"（图片 4）的上方，最后，选择"葡萄酒.jpg"（图片 4）的动画，设置"开始"并为"上一动画之后"，调整后的"动画窗格"1 如图 14-23 所示。

图14-22　调整前的"动画窗格"

图14-23　调整后的"动画窗格"1

（4）选择手的图片，选择"动画"→"添加动画"→"其他动作路径"命令，弹出"添加动作路径"对话框，选择"直线与曲线"下的"向左"按钮，设置动画后的效果如图 14-24 所示，其中，绿色箭头表示动画的起始位置，红色箭头表示动画的结束位置，由于动画的结束位置比较靠近画面中间，所以，使用鼠标选择红色箭头并向左移动，如图 14-25 所示。

图14-24 调整前的路径动画的起始与结束位置

图14-25 调整后的路径动画的起始与结束位置

注意：当同一个对象有多个动画效果时，需要单击"添加动画"下拉按钮。

（5）选择手的图片的动作路径动画，设置"开始"为"与上一动画同时"，设置动画的"持续时间"为"00.75"，此时"计时"功能组设置如图 14-26 所示，调整后的"动画窗格"2 如图 14-27 所示。此时，单击"预览"按钮可以预览动画效果。

图14-26 动画的"计时"功能组设置

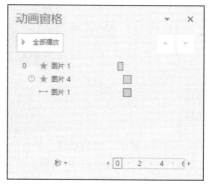
图14-27 调整后的"动画窗格"2

注意：手的图片的横向运动与图片的擦除动画就是两个对象的组合动画。

（6）选择手的图片，选择"动画"→"添加动画"→"飞出"命令，设置飞出动画的"开始"为"在上一动画之后"，继续选择"动画"→"添加动画"→"淡出"命令，设置淡出动画的"开始"为"与上一动画同时"。此时"动画窗格"如图 14-28 所示，单击"预览"按钮可以预览动画效果，如图 14-29 所示。这样通过动画叠加的方式，实现了手的图片的一边飞出、一边淡出的功能。

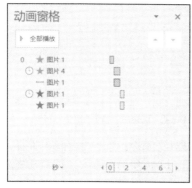
图14-28 整体的"动画窗格"

图14-29 动画效果

3. 手机滑屏动画的前后衔接控制

动画的前后衔接控制也就是动画的时间控制，通常有两种方式。

第一种方式：通过"单击时""与上一动画同时""在上一动画之后"控制。

第二种方式：通过"计时"功能组中的"延迟"控制，它的根本思想是所有动画的"开始"都为"与上一动画同时"，通过"延迟"控制动画的播放时间。

第一种方式在后期的动画调整中，例如添加或者删除元素时不是很方便，而第二种方式相对比较灵活，建议读者使用第二种方式。

具体的操作方式如下。

（1）在"动画窗格"中选择所有动画效果，设置"开始"为"与上一动画同时"，此时的"动画窗格"如图 14-30 所示。

（2）由于（"葡萄酒.jpg"）图片 4 的擦除动画与（手的图片）图片 1 的向左移动动画是同时的，所以选择图 14-30 中的第 2、3 个动画，设置其"延迟"都为"00.50"，"动画窗格"如图 14-31 所示。

图14-30　设置所有动画的"开始"都为"与上一动画同时"　　　　图14-31　设置"延迟"后的"动画窗格"

（3）由于手的图片的动画最后呈现的效果为边飞出边淡出，所以图片 4（"葡萄酒.jpg"）和"手.png"的延迟也是相同的，由于手的图片的出现动画持续时间是 0.50 秒，滑动过程持续时间是 0.75 秒，所以手的图片的动画消失的延迟是 1.25 秒。选择图 14-30 中的第 4、第 5 个动画，设置其"延迟"都为"01.25"。

4. 其他几张图片的滑屏动画制作

（1）选择"葡萄酒.jpg"与"手.png"两张图片，按<Ctrl+C>快捷键复制这两张图片，然后按<Ctrl+V>快捷键粘贴这两张图片，将这两张图片与原来的两张图片对齐。

（2）单独选择步骤（1）复制的"葡萄酒.jpg"图片，然后右击该图片，在弹出的快捷菜单中选择"更改图片"→"来自文件"命令，打开"插入图片"对话框，选择"素材"文件夹中的"红葡萄酒.jpg"，单击"打开"按钮。然后打开"动画窗格"，分别设置新图片与"红葡萄酒.jpg"的延迟时间。

（3）采用同样的方法再次复制图片，使用"素材"文件夹中的"红酒.jpg"图片，最后调整不同动画的延迟即可。

14.4.2　演示文稿中视频的应用

添加文件中的视频就是将计算机中已存在的视频插入演示文稿中，具体方法如下。

（1）打开"视频的使用.pptx"，切换至"插入"选项卡，在"媒体"功能组中单击"视频"下拉按钮，在弹出的下拉列表（见图 14-32）中选择"PC 上的视频"选项。

（2）弹出"插入视频文件"对话框，选择"素材"文件夹下的"视频样例.wmv"文件，如图 14-33 所示，单击"插入"按钮。

（3）执行操作后，如图 14-34 所示，可以拖曳声音图标至合适位置，按<F5>键后幻灯片播放，单击"播放"按钮就可以播放视频，如图 14-35 所示。

微课

演示文稿中
视频的应用

图14-32　插入视频　　　　　　　　　图14-33　"插入视频文件"对话框

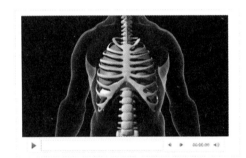

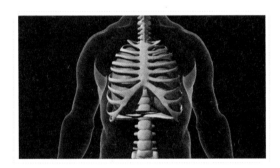

图14-34　插入音频后的视频　　　　　　　　图14-35　预览演示文稿中的视频播放效果

14.5　AI 加油站：美图 AI PPT

14.5.1　认识美图 AI PPT

美图 AI PPT 是一款免费的在线生成演示文稿的 AI 设计工具，用户只需输入一句话，便可以轻松打造精美演示文稿，如行业分析、工作汇报、创意设计方案、企业团建策划、部门工作总结等。

14.5.2　体验美图 AI PPT

在百度搜索"美图 AI PPT"并进入其官网，使用微信扫描二维码并登录系统，在文本框中输入"PPT 动画制作教程"，如图 14-36 所示。

微课

体验美图 AI PPT

图14-36　美图 AI PPT 主页

单击图 14-36 中的"生成"按钮，几秒后 AI 就会生成一个 PPT 动画，该动画用于制作 PPT，效果如图 14-37 所示。

图14-37　生成的页面效果

结合需求，可以在图 14-37 所示的页面中，进行文本添加、素材更换、图片插入或修改、背景调整等修改，还可以选中任意生成的演示文稿页面，然后在主页中选择需要修改的内容进行修改，或者在右侧的属性区域进行属性修改。

最后，读者可以根据需要对演示文稿进行演示、分享或者下载。

14.6　拓展训练

根据"2021 年度中国汽车行业数据发布.pptx"中完成的图表内容，设置相关的动画，例如目录页中仪表盘的动画，其效果如图 14-38 所示。

（a）动画效果 1

（b）动画效果 2

（c）动画效果 3

（d）动画效果 4

图14-38　仪表盘的动画效果

参考文献

[1] 林沣，钟明.Office 2016办公自动化案例教程 [M]. 北京：中国水利水电出版社，2019.

[2] 张丽玮.Office 2016高级应用教程[M]. 北京：清华大学出版社，2020.

[3] 楚飞.绝了，可以这样搞定PPT [M]. 北京：人民邮电出版社，2014.

[4] 华文科技.新编Office 2016应用大全：实战精华版[M]. 北京：机械工业出版社，2017.

[5] 温鑫工作室.执行力PPT原来可以这样用[M]. 北京：清华大学出版社，2014.

[6] 陈魁，吴娜.PPT演义：100%幻灯片设计密码[M]. 2版.北京：电子工业出版社，2014.

[7] 陈婉君.妙哉!PPT就该这么学[M].北京：清华大学出版社，2015.

[8] 龙马高新教育.Office 2016办公应用从入门到精通[M]. 北京：北京大学出版社，2016.

[9] 德胜书坊.最新Office 2016高效办公三合一：Word/Excel/PPT [M]. 北京：中国青年出版总社，2017.